先进材料科普丛书

组织编写

中国科协先进材料学会联合体

编辑委员会

主任 干 勇

委员（按姓氏笔画排序）

田志凌　伏广伟　刘昌胜　苏成勇　李元元

李春龙　李晓刚　邱介山　陈祥宝　贾明星

高瑞平　曹振雷　戴厚良

指导单位

中国科学技术协会科学技术普及部

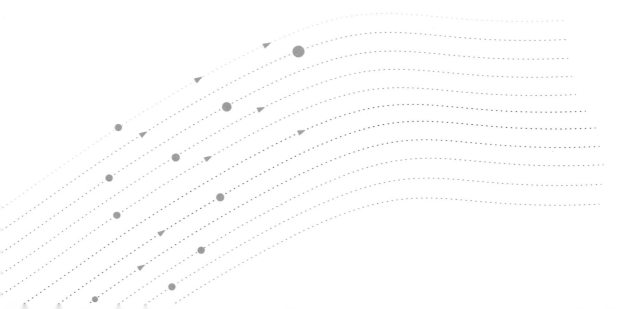

"十四五"国家重点出版物出版规划重大工程

先进材料科普丛书

中国科协先进材料学会联合体　组编

探索先进材料的奥秘 ①

主　编　韩雅芳　潘复生

副主编　唐　清　魏丽乔

委　员（按姓氏笔画排序）

丁　波　王　丹　王　勇　王幸福　朱明刚　刘　爽

安众福　李　姜　邹德春　沈　强　宋志棠　张　晟

张联盟　范　兴　赵　晶　赵新青　侯绍聪　黄　维

曹莉霞　蒋　斌　谢晓明　薛　冰

中国科学技术大学出版社

内 容 简 介

本书由中国科协先进材料学会联合体组织国内重点高校及科研院所一线科研人员撰写。介绍了16种当前及未来有较大应用价值的先进材料及相应的应用技术,主要包括光伏材料、超导材料、高聚物自修复材料、有机长余辉材料、声学材料、信息存储材料、功能梯度材料等。所选内容既有我国已经取得的一批革命性技术成果,也有国际前沿材料、先进材料的研究成果,助力推动我国材料研究和产业快速发展。书中每一种材料的科普内容都独立成文,深入浅出地阐释了新材料的源起、范畴、定义和应用领域,并配有引人入胜的小故事和原创图片,让广大读者特别是青少年更好地学习和了解前沿新材料。

图书在版编目(CIP)数据

探索先进材料的奥秘.1/韩雅芳,潘复生主编. —合肥:中国科学技术大学出版社,2022.4

(先进材料科普丛书)

ISBN 978-7-312-05419-8

Ⅰ.探⋯　Ⅱ.①韩⋯ ②潘⋯　Ⅲ.材料科学—科技发展—研究—世界　Ⅳ.TB3

中国版本图书馆CIP数据核字(2022)第045231号

探索先进材料的奥秘.1
TANSUO XIANJIN CAILIAO DE AOMI .1

出版	中国科学技术大学出版社
	安徽省合肥市金寨路96号,230026
	http://press.ustc.edu.cn
	https://zgkxjsdxcbs.tmall.com
印刷	安徽国文彩印有限公司
发行	中国科学技术大学出版社
开本	787 mm×1092 mm　1/16
印张	11.75
字数	217千
版次	2022年4月第1版
印次	2022年4月第1次印刷
定价	60.00元

序

材料是人类文明的物质基础,是人类物质文明发展划时代的里程碑。人类历史上的石器时代、青铜器时代、铁器时代等都是将材料作为划分的重要标志。人类社会的发展史,就是一部人类认识、创制、开发和利用材料的历史,新材料的发明、开发和应用,把人类认识和利用自然的能力提升到新的水平。

材充环宇,料满天下。我们生活的这个世界,材料无处不在。小到纳微米尺寸的半导体集成电路芯片,大到数十米的火箭、卫星、飞机,甚至上百米的舰船和风驰电掣的高速列车;从人们居住的房屋、穿着的服装,到手中的手机、桌上的电脑,再到乘坐的汽车、操纵的各种机器,人类社会的方方面面无不与材料密切相关。想象一下,一旦失去了各类材料的支撑,现代社会的一切特征将会瞬间消失。

材料改变未来,这不仅是人们的一种美好愿景,也是未来新材料发展的必然结果。随着科技的进步,新材料不断涌现,在促进经济社会可持续发展和提升人们的生活品质等方面发挥着重要作用,成为支撑现代高新技术和产业发展的基础和先导。正所谓"一代材料,一代技术,一代装备"。新材料产业也被列为国家重点发展的战略性新兴产业。

普及新材料知识、弘扬科学精神、提高全民科学素质已成为时代发展的必需。"先进材料科普丛书"的问世,旨在启发广大青少年对材料世界的认知,引发他们的兴趣,吸引更多有志青年投身到新材料事业中来。同时,丛书也面向广大非材料科学领域的科技工作者、管理者和企业家,为他们提供有益的参考。

作者系长期在一线从事新材料科学研究、教育与产业化工作的优秀科学家、教育家和工程师。丛书的内容主要包括新能源材料、生物材料、节能环保材料、信息材料、航空航天材料等领域的新知识。丛书将引导读者进入神奇的材料世界：含有数以亿计微纳晶体管的小小芯片，具有救死扶伤神奇功效的材料，能让人来无影去无踪的隐身"斗篷"；此外，还会让读者领略到人工智能、仿生科技、节能环保、生物医疗等领域用到的神奇的材料。凡此种种，无不展现出材料世界的精彩，让读者感受和认知材料知识的博大精深，体验材料王国的神奇和奥秘。

材料让生活更美好。请敞开心扉，在神秘的材料世界里尽情遨游吧！

干　勇

中国工程院院士

中国科协先进材料学会联合体主席

目　　录

光伏材料
——太阳能电池的核心

邹德春　侯绍聪　范　兴*

进入21世纪以来,全球气候变化和环境污染对人们的生活都产生了日益严重的负面影响。其中,一个重要原因是我们大量使用煤炭、石油和天然气等不可再生的化石能源。这些化石能源在地球上的分布很不均匀,因此高度依赖化石能源的传统能源结构给世界各国的和平发展埋下了隐患。为了维护社会的可持续发展,全球正在掀起一场寻找绿色、可再生替代能源的变革。

在可再生能源中,易于获取的太阳能最受关注。自然界已利用太阳能进行了数亿年的演化和积累,为我们带来了生活所必需的材料。而如果想采用太阳能替代传统的化石能源,需要有比自然界更加高效的方式将太阳能转化成我们所需要的能量形式。其中,最具潜力的方式是使用太阳能光伏电池。

什么是光伏材料?

太阳能的利用形式多种多样。如果我们将太阳光看作青草,将太阳能转换材料看作奶牛的话,太阳能利用过程可以形象地看作奶牛吃草后转化成人类所需物质的过程(图1):① 提供肉类,即将太阳能转化为化学能,叫作光化学转化;② 产奶,对应于将太阳能转化为电能,叫作光电转换;③ 耕地做功,即将太阳能转化为热能,叫作光热转换。其中,能够将太阳能直接转化为电能的材料,即为光伏材料,它是太阳能光伏电池的核心。

* 邹德春,北京大学;侯绍聪,武汉大学;范兴,重庆大学。

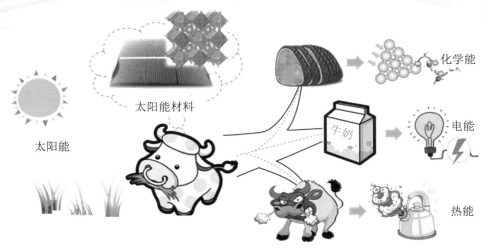

图1　光伏材料与其他太阳能材料

如何利用太阳能资源?

　　太阳给地球带来生机。自古以来,人类就十分关注这一能量的源泉。夸父追日的神话故事,就是很好的证明。但是,直到近代,人们才对太阳有了科学的认识:太阳是居于太阳系中心的恒星,其中心温度高达1500万℃,表面温度高达6000 ℃;它以氢为燃料进行持续的核聚变从而放出巨大的能量,并向四面八方辐射光和热,包括地球在内的太阳系各大行星(图2)。地球每年接收的太阳能约为10^{21} J,相当于1000亿 t石油的能量,是目前人类化石能源年消耗量的10倍。因此,太阳能可以充足、可持续地作为人类的直接或间接能源。太阳能的另一大优势是清洁性,使用太阳能不会产生废气和废料,对环境友好。除了这些优势外,太阳能也有其本身的局限性,包括分散性和间歇性。太阳光可近似为6000 ℃的黑体辐射分散在地球表面,包括6%的紫外光(波长小于380 nm)、52%的可见光(波长为380~780 nm)和42%的红外光(波长大于780 nm)。当通过大气层时,有将近一半的能量被反射和吸收,光谱中出现凹凸不平的形状,是由于大气中臭氧、水、氧气、二氧化碳等分子的振动吸收造成的。实际到达地面的太阳能能量密度只有1.37 kW/m²(太阳光直射时)。因此,需要较大的受光面积才能达到较大的功率。此外,地球自转造成的昼夜更替、地球公转造成的季节变化和局部天气变化,均会造成日照强度随时间和地点的变化而变化。这种不稳定的能源输出,需要新的技术来实现按时按需的使用。

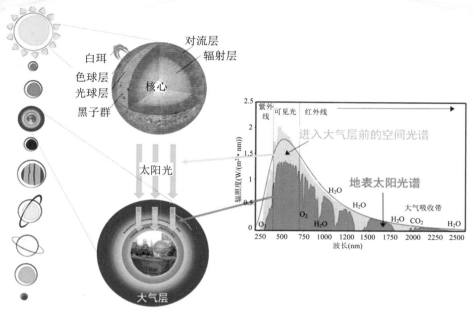

图2 空间及地表太阳光谱

我们无时无刻不在利用太阳能。太阳能的利用形式多种多样,主要可以概括为三种方式(图3):① 光化学转化。自然界中植物的光合作用就是利用太阳光提供能量,将二氧化碳和水转化成糖类分子,并释放氧气。② 光热转化。这类应用广泛存在于我们的生活和生产中,例如晾晒衣物,或者是将太阳光聚集起来加热熔盐,然后加热蒸汽直接利用,或者利用高温蒸汽推动汽轮机进行间接发电。③ 光伏发电。通过太阳能光伏电池将太阳能直接转化为电能,用来驱动常见的电气电子设备,如手机、电脑、机器人和电动汽车等。

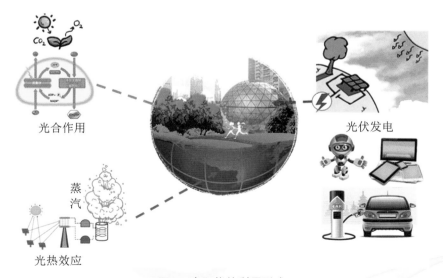

图3 太阳能的利用形式

光生伏打效应与太阳能电池

1839年,法国科学家贝克雷尔将两块电极放在电解液中,当太阳光照射到其中一块电极上时产生了电流,这是最早记录的光生伏打效应(图4)。1884年,美国科学家弗利兹在一层硒表面覆盖一层金膜,发明了第一块太阳能电池。1954年,美国贝尔实验室的恰宾、福勒和皮尔松三位科学家利用单晶硅制备了最早的实用的太阳能电池,当时的光电转换效率只有2.5%。1958年,太阳能电池首次被用作美国第二颗人造卫星的电源。随后,美国进行了多项国家研发计划,以提升硅太阳能电池的效率和可靠性。20世纪90年代,以澳大利亚新南威尔士大学格林教授为代表的科学家开发了PERL等新型电池结构,进一步提高了硅电池的效率。目前,NREL记录的单晶硅太阳能电池(单结、非聚光条件下)的最高效率已达到26.1%。

法国科学家贝克雷尔

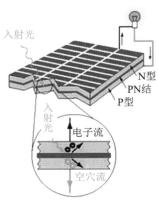

太阳能发电原理图

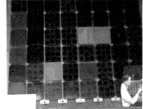

1954年,美国贝尔实验室的恰宾、福勒和皮尔松制成实用的单晶硅太阳能电池

图4　太阳能电池原理及发明者

太阳能电池的工作原理。 太阳能电池是将太阳能直接转化为电能的器件,可以看作一种太阳能发电机。目前,主流的太阳能电池是利用半导体的光电效应,即当光照射到半导体时,半导体会产生光生载流子对(空穴和电子),电导率提高。但是,单个半导体中的光生空穴和电子无法分离,因而无法有效产生电能。通常的办法是使用两块不同的半导体,其中一块半导体以空穴为主要载流子(P型半导体),另一块以电子为主要载流子(N型半导体)。当两种不同的半导体相互接触时,电子和空穴会通过界面向低浓度的方向扩散,使得P型半导体界面侧带负电,N型半导体侧带正电,形成内建电场,这就是PN结。当光照射PN结区域时,产生的光生空穴、电子载流子对会被内建电场分离,使得N型端带负电,P型端带正电,

从而产生光伏效应(图5)。这两种半导体可以是同一种半导体材料(如硅光伏电池),也可以是组分完全不同的半导体材料。

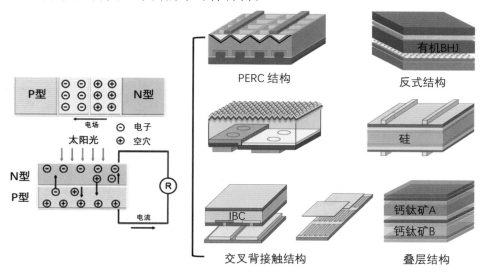

图5　太阳能电池的结构演变

根据PN结数量的不同,太阳能电池可以分为单结太阳能电池和多结叠层太阳能电池。目前,单结和多结太阳能电池最高效率纪录分别为30.5%(GaAs聚光太阳能电池)和47.1%(六结GaAs叠层聚光太阳能电池)。

根据半导体PN结材料形态的不同,太阳能电池又可分为晶体太阳能电池、薄膜太阳能电池和新兴太阳能电池。晶体太阳能电池是第一代太阳能电池,包括单晶和多晶硅、GaAs太阳能电池。这类太阳能电池需要使用单晶或多晶半导体,制备工艺往往很复杂,且昂贵笨重。薄膜太阳能电池是第二代太阳能电池,包括非晶硅、CIGS和CdTe太阳能电池等。其具有使用的半导体材料更少,可使用的大规模生产工艺成本低,并可以实现轻量、柔性等优点。量子点、有机、CZTS、钙钛矿、染料敏化太阳能电池是第三代太阳能电池(新兴太阳能电池),其潜在成本更低、对环境更加友好,并可用于一些特殊应用场合。

在新兴太阳能电池中,瑞士科学家Gratzel基于光电化学原理发明了染料敏化太阳能电池。与主流PN结太阳能电池不同,这种太阳能电池模仿植物的光合作用,利用半导体吸收太阳光产生载流子,再通过具有氧化还原特性电解质分离和再生载流子,从而输出电能。

光伏材料的作用、种类及要求

光伏材料的作用。太阳能电池的核心是光伏材料,其主要作用是吸收太阳光,产生、分离和收集空穴–电子载流子,从而产生电能,类似于奶牛的消化系统

(吃草-消化-吸收过程)。一个典型太阳能电池通常包括正极、空穴传输层、光吸收层、电子传输层和负极(图6)。

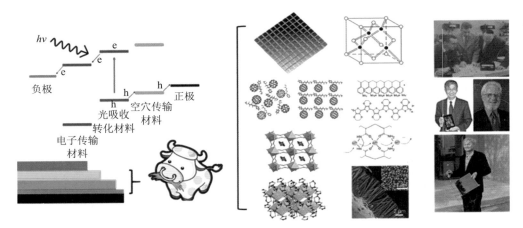

图6 光伏材料工作原理及其演变历程

光伏材料的种类。太阳能电池光电转化过程中,往往采用不同材料来承担不同角色。根据分工的不同,光伏材料可以分为光吸收材料、载流子传输材料和电极材料。这些材料可以是传统的无机材料,也可以是新型的有机材料和有机-无机杂化材料。硅、GaAs、ITO等无机半导体、导体是传统的光伏材料,通常刚性易碎,制备工艺要求较高。有机光伏材料包括有机半导体、富勒烯、导电高分子等,具有低成本和柔性的特点,但是其性能和稳定性有待提高。最近兴起的钙钛矿半导体材料是典型的有机-无机杂化光伏材料,其具有光电转换效率高、易于生产制备等优势,但是其稳定性、毒性等问题还有待进一步解决。

对光伏材料的要求。不论选择哪种光伏材料,均需要满足光电转换功能相应的要求。对于光吸收材料来说,需要充分吸收太阳光并产生光生空穴电子载流子对的半导体,因此光吸收半导体应具有宽光谱吸收、高的光吸收系数和低的缺陷态密度。根据Schottky-Queisser理论,单结太阳能电池的半导体光吸收材料的最佳带隙还应在 1.3 eV 左右。载流子传输层用来选择性传输光吸收层产生的光生电子和光生空穴到对应的电极。因此,载流子传输层应与光吸收层具有良好的能级匹配,并具有良好的载流子迁移率,以尽可能快地将载流子正确输送到对应的电极。电极材料应具有合适的功函数以降低载流子提取时的损失,同时,至少一面电极应为透明,以减少伴随太阳光透过电极进入光吸收层时的损失。

如何实现太阳能的高效转换和利用?

基本思路:要让奶牛多产奶,就要让牛儿吃得多、消化快并且吸收好。同理,要想高效地利用太阳能,需要高效地捕获太阳光,高效地将光子转化为载流子,并且高效地将电荷取出(图7)。

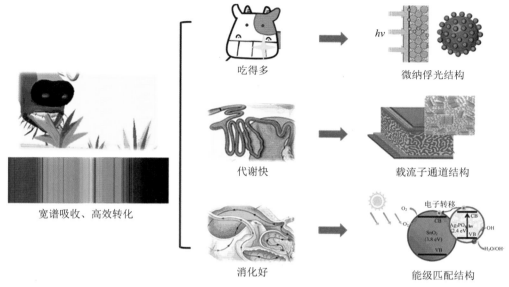

图7 光伏材料的改进思路

光的高效率捕获。当太阳光照射到太阳能电池时,除了可以被半导体光吸收层吸收外,还会发生反射、透射和散射,造成光损失。因此,提高太阳能电池光捕获效率,首先要确保尽可能地让更多光导入半导体吸收层。其中,最简单的方法是通过在太阳能电池表面加上抗反射涂层,降低太阳光的反射,并在太阳能电池背面加入反射涂层,让透射的太阳光反射回半导体吸收层重新被吸收。另一种方法是设计合适的微纳俘光结构和器件结构,使得太阳光被限制在半导体吸收层,从而增强太阳光的吸收利用。考虑到半导体光吸收光谱与太阳光谱的失配性,即能量低于半导体带隙的太阳光会直接透过半导体吸收层而无法被利用,能量过高的太阳光会被玻璃基底等吸收而难以到达半导体吸收层。我们还可以通过增加光谱转化材料来改善太阳光的捕获。例如,在太阳能电池表面加涂一层光谱上转换材料,可以将小于半导体带隙的太阳光转换为可以被半导体吸收的光;在太阳能电池表面加装一层光谱下转换材料,可以将难以透过ITO玻璃的紫外线转换为可见光从而被半导体吸收。然而,由于光伏电池的理论输出电压受到半导体带隙宽度的限制,太阳光中高于半导体带隙的多余能量仍然会被浪费掉,上述的几种方法均难以克服这一问题。叠层太阳能电池结构是解决这一问题的有效方式:选择不同带隙宽度的半导体,吸收太阳光谱的不同部分,通过合理的器件结构将不同带隙的半导体亚电池单元串联起来,可以有效地拓宽器件的光谱利用范围,减小能量损失。

从光子到载流子的高效率转化。当半导体吸收太阳光后,会被激发到高能量的激发态,这一激发态可以形成自由电子或空穴载流子。但是,如果半导体中存在大量缺陷,这一激发态还可能快速被缺陷捕获,无法形成自由载流子。降低半导体吸收层的缺陷态密度的方法是提高半导体的纯度,并采用合适的钝化工艺。除了减小载流子的损失外,采用新的物理机制增加载流子数目也是当前光伏材料的研究热点。一般来说,半导体吸收一个光子最多只能产生一个电子空穴对。但是,对于某些特殊的光伏材料,如量子点的多激子效应、有机下转换材料的单线态裂解效应等,吸收一个光子可以产生两个或两个以上的电子空穴对,这为突破当前太阳能电池的理论效率极限具有重要意义。

电荷的高效率取出。当半导体吸收光产生光生载流子后,载流子需要被有效地取出才能产生电能。然而,载流子的寿命和扩散长度有限,未被有效提取的载流子会重新复合,以热能的形式耗散出去。载流子的复合机制主要有三种:缺陷态辅助的单分子复合机制、电子–空穴双分子辐射/非辐射复合机制和三分子俄歇复合机制。因此,要想提高载流子的提取,首先器件应具备良好的能级匹配,增强电子和空穴的分离,使得载流子向对应电极无障碍地定向输运。对于半导体吸收层和传输层,可以通过选择合适的材料和构筑相应的载流子通道,增加载流子的迁移率,使得载流子在其寿命内传输到对应的电极。对于多层结构的太阳能电池,还需要减少不同功能层间界面的势垒和缺陷态。

五彩缤纷的太阳能电池

作为一种新型能源供给方式,太阳能电池应用范围非常广泛,从天上到地上、从民用到军用、从工业装备到个人设备,都可以看到太阳能电池的身影(图8)。下面列举几种重要的应用领域。

大规模光伏发电站。经过半个世纪的研发和产业迭代,以晶体硅太阳能电池为主流的光伏发电已成为发电成本最低的技术。近年来,世界上多个国家均开始大量兴建兆瓦级光伏发电站,光伏发电的新增装机容量遥遥领先于其他所有的发电方式。这类大规模发电往往需要通过光伏逆变器,将光伏输出的直流电转变为特定电压、频率和相位的交流电,从而与电力公司的电网进行并网,成为人类活动的主要能量来源之一。

柔性光伏板。新型的太阳能电池还能改变人类生活的模式。例如将柔性太阳能电池与建筑进行有效集成,甚至可以加装到户外帐篷中,通过太阳光对电气、电子设备直接供电,或者将太阳能通过化学电池等储能设备储存起来,这类独立的能源系统使我们能随时随地获取电能,让我们的生活更加绿色和自由。

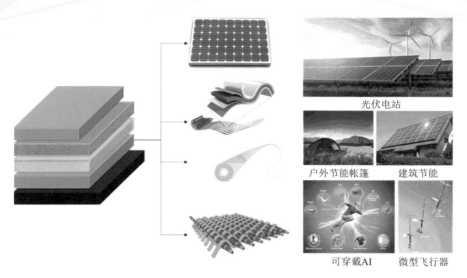

图8　太阳能电池的多种应用形式

光伏电站

户外节能帐篷　　建筑节能

可穿戴AI　　微型飞行器

　　光伏纤维和编织物。人是使用能源的主体。人类从未停止探索更加便捷的获取能源的方式,同时不增加人的负担,例如研发可穿戴能源系统。但是,目前的可穿戴设备,仍然需要频繁的充电以获取电能。目前,已有科学家将柔性太阳能电池与可穿戴设备集成,来试图解决这一难题,但是依然有与传统的穿戴用品存在兼容性的问题需要解决。北京大学邹德春教授等人突破太阳能电池板的固有限制,提出并实现了纤维和编织太阳能电池,这为未来可穿戴能源系统提供了新的解决方案。他们还提出构建光伏森林的蓝图(图9),让太阳能电池完美融入我们未来的生活中。

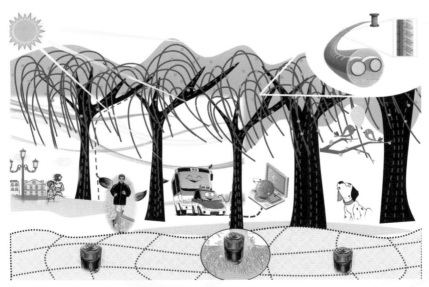

图9　光伏森林——纤维改变生活

参 考 文 献

[1] Deppe T，Munday J N. Nighttime Photovoltaic Cells: Electrical Power Generation by Optically Coupling with Deep Space[J]. ACS Photonics，2020，7(1)：1-9.

[2] Xiao K，Lin R，Han Q L，et al. All-Perovskite Tandem Solar Cells with 24.2% Certified Efficiency and Area over 1 cm² Using Surface-anchoring Zwitterionic Antioxidant[J]. Nature Energy，2020 (5)：870-880.

[3] 韩梦琴. 高倍增光电导开关超快电流丝形成机理的研究[D]. 西安：西安理工大学，2019.

[4] Gai B J，Sun Y K，Lim H，et al. Multilayer-grown Ultrathin Nanostructured GaAs Solar Cells as a Cost-competitive Materials Platform for Ⅲ-Ⅴ Photovoltaics[J]. ACS Nano，2017，11(1)：992-999.

[5] Zhang N N，Li Y Z，Xiang S W，et al. Imperceptible Sleep Monitoring Bedding for Remote Sleep Healthcare and Early Disease Diagnosis[J]. Nano Energy，2020，72：104664.

[6] Li Z X，Wang R，Xue J J，et al. Core-shell $ZnO@SnO_2$ Nanoparticles for Efficient Inorganic Perovskite Solar cells[J]. Journal of the American Chemical Society，2019，141(44)：17610.

[7] Huang K Q，Peng Y Y，Gao Y X，et al. High-performance Flexible Perovskite Solar Cells via Precise Control of Electron Transport Layer[J]. Advanced Energy Materials，2019(9)：1901419.

[8] Sun Y N，Chang M J，Meng L X，et al. Flexible Organic Photovoltaics Based on Water-processed Silver Nanowire Electrodes[J]. Nature Electronics，2019(2)：513-520.

[9] Chen G R，Li Y Z，Bick M，et al. Smart Textiles for Electricity Generation[J]. Chemical Reviews，2020，120(8)：3668-3720.

[10] 佐藤胜昭. 金色的能量[M]. 谭毅，译. 北京：科学出版社，2012.

[11] Dong H B，Li J W，Guo J，et al. Insights on Flexible Zinc-ion Batteries from Lab Research to Commercialization[J]. Advanced Materials，2021：e2007548.

超导材料
——电子无阻运动的"溜冰场"

牟　刚　谢晓明[*]

　　我们知道,按照导电性能的高低,材料可以分为导体、半导体和绝缘体。其实,自然界中还有一种材料,它的导电性能比最好的导体还要强得多,那就是超导材料,也叫超导体。超导材料具有零电阻的特点,电子可以在其内部畅通无阻地流动。从这个角度看,超导材料就相当于是电子无阻运动的"溜冰场"。这种神奇的材料,是100多年前荷兰科学家昂纳斯(H. K. Onnes,图1(a))首先发现的。1911年,昂纳斯在研究金属汞(Hg)的低温导电特性的时候,发现其电阻在4.2 K(相当于−269 ℃)附近突然降低到零(图1(b)),从而发现了第一种超导材料。[1]这个发生超导转变的温度,被称为临界转变温度,用T_c来表示。科学家们在随后的研究中,还发现了超导材料更多的有趣性质,同时也开发出更多的超导材料,下面我们来进行详细介绍。

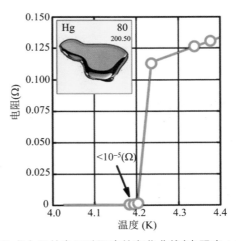

图1　(a) 第一种超导材料的发现者昂纳斯;(b) 汞的电阻随温度的变化曲线(电阻在4.2 K
附近突然下降到零)[1]

＊　牟刚、谢晓明,中国科学院上海微系统与信息技术研究所。

超导材料的两大"秉性"

超导材料具有很多与众不同的鲜明个性,其中最基本的两大"秉性"是零电阻和完全抗磁性。对于零电阻这一特性,科学家们通过不断地改进测量精度,目前已经确定,超导材料的电阻率低于 10^{-18} $\Omega \cdot m$;作为对比,导电能力最好的金属银的电阻率是 1.65×10^{-8} $\Omega \cdot m$。也就是说,人们已经测到银的电阻率的一百亿分之一,仍旧没有碰到超导材料的"底线"。因此,科学家们确信,超导材料确实处于零电阻的状态。读者们很容易就可以想到,这种零电阻特性用在输电的导线中,肯定是很合适的。我们将在后面的超导应用部分,对这个问题进行详细的介绍。

起初,人们以为超导材料只有零电阻这一个特性,是所谓的"理想导体"。直到大约20年后,德国科学家迈斯纳(F. W. Meissner)和他的同事才发现了它的另一个特性:在超导状态下,外加的磁场完全无法进入到超导体的内部(图2(a)),这就是完全抗磁性。为了表示对发现者的敬意,这一行为也被称为迈斯纳效应。由于完全抗磁性的存在,在超导体和靠近它的磁体之间,会产生相互排斥的作用,从而造成悬浮的效果,人们称之为超导磁悬浮(图2(b))。这种不直接接触的悬浮状态,大大降低了摩擦带来的阻力,将来可以在高速交通运输方面一展身手。同时,这一神奇的效应也是文艺作品所喜爱的题材。比如电影《阿凡达》中潘多拉星球上的哈利路亚悬浮山(图2(c)),就是借用了超导磁悬浮这一炫酷的概念。

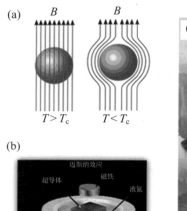

图2 (a)超导材料的迈斯纳效应示意图,在 T_c 以下磁场不能够穿透到超导材料的内部;(b)迈斯纳效应导致的超导磁悬浮现象,图中的黑色块体是超导体,黄色圆柱是磁铁;(c)电影《阿凡达》中潘多拉星球上的哈利路亚悬浮山

值得指出的是,零电阻特性加上描述电磁规律的麦克斯韦方程组,并不能自然地推导出完全抗磁的结果。所以,完全抗磁性是独立于零电阻特性的。这两大特性,也是科学家们判断一种材料是否属于超导体最基本、也最令人信服的判据。

超导材料的"大家族"

随着科学家们的不断开拓,超导材料的"家族"不断扩大,到现在已经成为包括成千上万成员的"大家族"。从单质材料到合金,再到更加复杂的化合物,从无机物到有机物,都有它们的身影。这些为数众多的超导材料,在物理行为上的表现不尽相同。基于此,人们对它们进行了分类。

第Ⅰ类超导体和第Ⅱ类超导体。 除了前面提到的临界温度外,还有一个重要的参数,叫临界磁场(H_c)。在最简单的情况下,当外加的磁场不超过这个临界磁场的时候,超导材料处于完全抗磁的超导状态(一般简称为超导态);一旦超过这个限度,超导态就会被破坏,从而进入正常态(图3(a))。除了铌(Nb)、钒(V)、锝(Tc)之外的单质超导材料都符合上面的描述,被称为第Ⅰ类超导体。而除此之外的其他超导材料,在上述的超导态和正常态之间,存在第三个状态(图3(b))。当磁场超过一定的限度(即下临界磁场H_{c1})时,外加的磁场可以进入超导体,形成量子磁通线。在这些量子磁通线之间,仍旧存在着超导区域。这种磁通线和超导区共存的状态,就叫作混合态。具有混合态的超导材料,就是第Ⅱ类超导体。从物理上讲,决定一个超导材料属于哪一类的,是超导态和正常态之间界面能的正与负。由于第Ⅰ类超导体的临界磁场一般比较低,并且不能够承载大的电流,因此从强电应用的角度来看,第Ⅱ类超导体拥有更好的应用前景,被称为实用超导体。

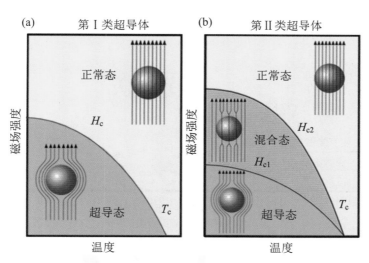

图3　第Ⅰ类超导体(a)和第Ⅱ类超导体(b)的磁场–温度相图

低温超导体和高温超导体。超导临界温度关系到实际应用过程中的制冷成本，因此是超导材料学家们很关心的一个问题。努力提高超导材料的临界温度，也成为超导材料研究的一个重要方向。在20世纪80年代以前，临界温度最高的超导材料是 Nb_3Ge，其 T_c 为23 K（约−250 ℃）。从1986年开始被发现的铜氧化物超导体[2]，临界转变温度一举突破到了液氮温区（77 K，约−196℃）[3]，如图4所示。截至目前，这类材料的最高 T_c 为常压下的138 K和高压下的165 K。与之前相比，T_c 有了大幅度的提升。所以，人们就把铜氧化物超导体称为高温超导体，而之前的单质、合金等超导材料被称为低温超导体。这两者之间，以基于超导微观理论所预言的麦克米兰极限（约为40 K）为界。另外，科学家们在2008年发现了铁基超导材料[4]，其最高 T_c 也突破了麦克米兰极限，是第二大高温超导家族。细心的读者应该已经注意到了，超导材料领域所说的"高温"和"低温"，与我们日常生活中的概念相距甚远。我们说的高温超导体的临界温度，可是比地球上最冷的南极（其最低温记录大约是180 K）还要冷呢！最近几年，科学家们在高压下的富氢材料中发现了临界温度超过铜氧化物的超导电性[5]，甚至已经达到了室温[6]。这是最新的一类高温超导材料，我们将在后文作更详细的介绍。

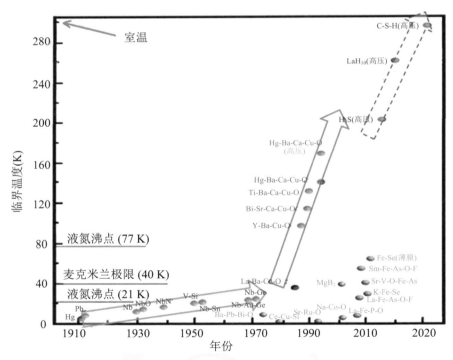

图4　超导临界温度提高的历史过程

除此之外，超导材料还可根据超导机制的不同，分为常规超导体和非常规超导体。因为篇幅所限，在此就不再赘述了。下面我们挑选在实际应用或物理研究方面比较典型的几种超导材料,作重点介绍。

铌系超导材料。此类包括铌单质、铌系合金等超导材料。其中,铌单质具有单质材料中最高的临界温度 9.2 K;铌钛(NbTi)合金具有良好的加工塑性和强度,目前已被广泛用来制造超导线材;具有 A15 型结构的铌系合金 Nb₃X(X = Sn、Ga、Si、Ge、Al 等)的 T_c 一般在 20 K 左右,在低温超导材料中处于较高水平,这其中就包括之前提到的 Nb₃Ge。

总体而言,铌系超导材料一般具有晶体结构简单、化学性质稳定、易加工等特点;同时,如前所述,具有相对较高的临界温度。因此,这一材料体系在实际应用中具有较大的优势,目前已被广泛应用在超导线材、超导薄膜器件等方面。

铜氧化物超导材料。如前所述,铜氧化物超导材料是 20 世纪 80 年代发现的一类新型超导材料,其临界转变温度的大幅提升,为降低超导应用的制冷成本开辟了重要的通道。该类材料已经发展成为包括 La 系(如 $La_{2-x}Ba_xCuO_{4+\delta}$)、Y 系(如 $YBa_2Cu_3O_{7-\delta}$)、Bi 系(如 $Bi_2Sr_2CaCu_2O_{8+\delta}$)、Hg 系(如 $HgBa_2Ca_2Cu_3O_{8+\delta}$)等多个成员的庞大家族。从晶体结构上看,它们均具有作为导电层的铜氧层和将这些铜氧层隔开的绝缘层,从而形成类似于三明治的层叠构型(图5(a));其中的铜氧层对于超导电性的产生起着决定性的作用(图5(b))。值得一提的是,我国科学家在铜氧化物超导材料的发现过程中,发挥了重要的作用。中国科学院物理研究所的赵忠贤院士领导的团队,独立发现了首个突破液氮温区的超导材料 YBa₂Cu₃O₇₋δ[4],并率先公布了其化学成分。

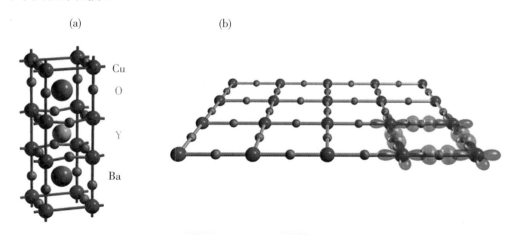

(a)　　　　　　　　　　　(b)

Cu
O
Y
Ba

图5　(a) 铜氧化物超导体的晶体结构(以 $YBa_2Cu_3O_{7-\delta}$ 为例);(b) 铜氧层结构示意图

由于铜氧化物超导材料质地较脆,难以像金属材料那样被方便地加工,科学家们发展了将其加工成超导带材的方法来克服这个难题。将厚度只有 1 μm 左右的超导薄膜,生长在几十微米厚的金属基带上,就获得了可以弯曲的高温超导带材。另外,这类材料还表现出超出已有理论框架的物理行为,至今仍是物理学家研究的前沿课题。

铁基超导材料。长期以来,人们认为磁性元素对超导是不利的,所以在含铁的化合物中不太可能产生临界温度较高的超导电性。2008年,日本科学家在铁基化合物$LaFeAsO_{1-x}F_x$中发现了高达26 K的超导电性。[4]这一温度已经完胜了前述Nb系超导材料中的纪录保持者——$Nb_3Ge(T_c = 23 K)$,因此引起了人们的极大关注。很快,人们就将这类材料发展为与铜氧化物超导材料类似的大家族,其成员包括1111体系(如$LaFeAsO_{1-x}F_x$)、122体系(如$Ba_{1-x}K_xFe_2As_2$)、11体系(如FeSe)、111体系(如LiFeAs)、21311体系(如Sr_2VO_3FeAs)等。体材料中的最高T_c出现在1111体系的$SmFeAsO_{1-x}F_x$,为55 K;11体系中的FeSe在只有一个原胞厚(大约为0.4 nm)的时候,其T_c可达65 K。在铁基超导材料的研究中,多个新型结构(比如前述11体系、111体系、21311体系等)和最高临界温度记录,都是由中国科学家发现和创造的(图6)。[7]

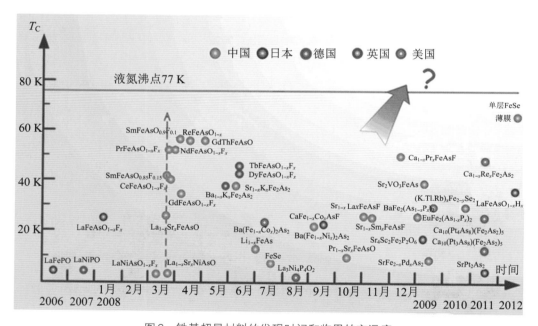

图6 铁基超导材料的发现时间和临界转变温度

其中的每个圆球代表一个超导材料,其颜色表示发现该超导材料的科学家的国别。本图最初发表于文献[7],后有所更新。

另外,铁基超导材料一般具有几十到一百多特斯拉的上临界磁场,在强电应用方面很有潜力。目前,中国科学院电工研究所的研究人员已经研制出百米量级的铁基超导长线,为铁基超导材料在实际中的应用打下了很好的基础。

魔角石墨烯。石墨烯是由单层碳原子组成的二维材料,如图7(a)所示。把两层石墨烯摞在一起,当它们之间的夹角在特定的角度时,材料的能带结构中将出现平带,此时系统具有很小的动能,从而产生强电子关联的现象。这些特定的角度被称为魔角,此时的双层石墨烯叫作魔角石墨烯,如图7(b)所示。科学家们将魔角固定在1.1°附近时,在其中发现了莫特绝缘态(SC)和超导态(Mott)(具体处于哪个状态,取决于材料中的载流子浓度),其最高超导临界温度约为1.7 K[8],如图7(c)所示。尽管这一温度并不出众,但这是人们第一次在石墨烯体系中观察到超导现象。更为重要的是,这种莫特绝缘态与超导态比邻而居的行为,与铜氧化物超导材料的表现非常类似。因此,人们研究魔角石墨烯这个结构更为简单的材料,将有助于破解铜氧化物材料中长期悬而未决的高温超导机理问题。

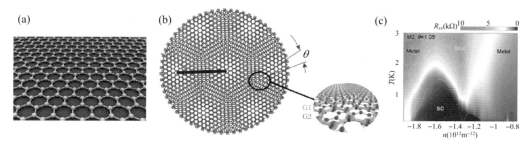

图7 (a)石墨烯结构示意图;(b)魔角石墨烯结构示意图;(c)魔角石墨烯的电子态相图,可以看到超导态和莫特绝缘体态的共存[8]

室温超导材料。需要低温制冷是制约超导材料大规模、广泛应用的最大因素。因此,开发出室温超导材料,一直是超导材料领域的一大梦想。寻找室温超导的其中一条思路,就是探索轻元素组成的材料。这是因为常规超导材料中有一个很重要的同位素效应:超导临界温度和同位素原子质量的平方根成反比。基于此,人们结合高压技术在富氢化合物中开展了探索。2015年,科学家们在H_3S中观察到了203 K的超导电性,这一温度已经打破了由铜氧化物材料保持的165 K的记录。2019年,科学家们在另一个富氢材料LaH_{10}中观察到250~260 K的超导电性[5](图8(a)),意味着这种材料已经可以在我国北方寒冷的冬季工作了。沿着这条思路,2020年科学家们报道了一种C-S-H化合物(具体组分和结构尚未确定),其T_c高达287.7 K(图8(b)、(c)),这相当于15 ℃。[6]这一材料成为第一种名副其实的室温超导体。需要指出的是,上述富氢化合物均只能在高达200 GPa以上的压强(相当于200万个大气压)下才能表现出接近室温的临界温度,这同样制约了这些超导材料在实际中的应用。因此,研制常压下的室温超导材料,成为科学家们下一步努力的目标。

17

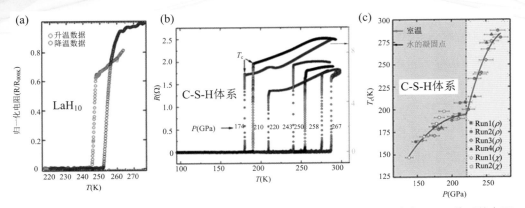

图8 （a）LaH$_{10}$的电阻转变曲线，可以看到其零电阻温度已经达到250 K[5]；（b）C-S-H体系的电阻转变曲线，其超导临界温度为287.7 K[6]；（c）C-S-H体系的超导临界温度随压强的变化曲线[6]

此外，还有重费米子超导材料、有机超导材料、拓扑超导材料等在基础物理研究和潜在应用方面具有重要价值的材料体系，在此不作详细介绍，感兴趣的读者可以参阅相关文献。

超导材料的"用武之地"

超导材料表现出的独特物理效应，使得它们在多个方面有着重要的"用武之地"，从强电到弱电领域，都活跃着它们的身影。由于需要冷却到T_c以下，其成本往往较高，所以在目前阶段，超导材料主要应用在相比传统材料具有显著优势或者不可替代的领域。

超导强电应用。即大电流应用。我们知道，电流流过普通的导体都会产生焦耳热（$Q=I^2Rt$）。在多数情况下（除了专门利用焦耳热的情况外），这部分热量都白白浪费掉了。据统计，在常规的远距离输电过程中，有15%的能源损耗在了焦耳热上。超导材料所具有的零电阻特性，使得电流不再产生焦耳热。因此，可以想象，在所有涉及强大电流的场合，超导材料都将能够为节能做出贡献，比如，电力输送、变压器、发电机、电动机、储能等。2019年，我国首条公里级的高温超导电缆示范工程在上海启动（图9(a)），标志着超导输电的实用化又迈进了一大步。另外，需要强大磁场的场合，往往要用到超导电缆绕制的电磁体。这种超导磁体的采用，不但能大大地节省能源，还能降低整个磁体装置的体积。这方面的典型应用案例有医疗领域的核磁共振成像装置，以及瞄准未来能源问题的人工可控核聚变装置（图9(b)）。

图9 （a）我国首条公里级高温超导电缆示范工程启动仪式；（b）位于合肥科学岛的人工可控核聚变装置

读到这里，读者往往会有这样的疑问：使用超导材料所节省下来的能源，会不会被为超导材料降温所花费的成本抵消掉了？事实上，这种情况是不会发生的。节省下来的能源，往往远远大于因为制冷带来的花费。

超导弱电应用。即电子学应用，包括超导微波器件、超导传感器/探测器、超导数字电路等。利用超导材料的微波表面电阻远低于常规金属的特点，人们制作了品质因子非常高的微波谐振腔，从而大大降低了损耗。基于这种谐振腔的超导滤波器，相比常规滤波器，对微波信号的选择性有了显著的提升。将超导薄膜加工成宽度只有几百 nm 的纳米线，其中的超导态对微弱光信号具有很敏感的响应，甚至可以感受到单个光子。相比传统的半导体探测器，超导纳米线单光子探测器（SNSPD）具有更高的探测效率、更快的响应速度和更低的暗计数，目前正在卫星激光测距、量子密钥分发和光量子计算等领域发挥着重要的作用。

基于超导材料具有的约瑟夫森效应和磁通量子化效应，人们还制作了超导量子干涉器件（SQUID），如图10（a）所示。SQUID是迄今最灵敏的磁通传感器，可以探测相当于地磁场十亿分之一的信号，目前在地球物理勘探（图10（b））、极低场磁共振、生物磁成像（图10（c））等方面已经有了很好的应用。在将来，这一探测极微弱磁信号的超导探测器，还可以在军事领域大显身手呢。

除此之外，超导材料还在超导混频器、超导转变边沿探测器、超导数字电路、超导射频腔、超导量子计算以及超导磁悬浮等方面有着重要应用，在此不再赘述。

超导材料的未来。总体而言，超导材料就像一位"犹抱琵琶半遮面"的贵族，目前主要应用于特殊、高端的场景。与我们的日常生活最接近的，大概要数已经在医院里广泛应用的核磁共振成像系统了。我们期待着有朝一日科学家们能够成功研发出常压下的室温超导材料。到了那时，"旧时王谢堂前燕，飞入寻常百姓家"，超导材料将会广泛地应用于我们的日常生活，让我们的生活变得更美好。

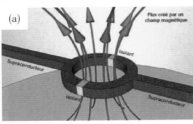

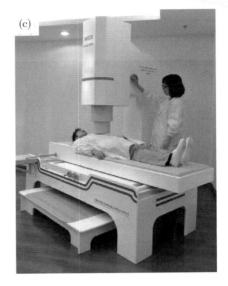

图 10 （a）超导量子干涉器件的结构示意图，其中的黄色区域是绝缘体，其他部分是超导材料；
（b）SQUID 用于地球物理勘探；（c）SQUID 用于生物磁成像

参 考 文 献

[1] Onnes H K. The Superconductivity of Mercury[D]. Comm. Phys. Lab. Univ. Leiden, 1911:122.

[2] Bednorz J G, Müller K A. Possible High T_c Superconductivity in the Ba-La-Cu-O System[J]. Z. Physik B-Condensed Matter, 1986, 64:189-193.

[3] Wu M K, Ashbuin J R, Torng C J, et al. Superconductivity at 93 K in a New Mixed-phase Y-Ba-Cu-O Compound System at Ambient Pressure[J]. Physical Review Letters, 1987, 58:908.

[4] Kamihara Y, Watanabe T, Hirano M, et al. Iron-based Layered Superconductor La[$O_{1-x}F_x$]FeAs (x = 0.05~0.12) with T_c = 26 K[J].Journal of the American Chemical Society, 2008, 130:3296.

[5] Somayazulu M, Ahart M, Mishra A K, et al. Evidence for Superconductivity above 260 K in Lanthanum Superhydride at Megabar Pressures[J]. Physical Review Letters, 2019, 122:027001.

[6] Snider E, Dasenbrock-Gammon N, McBride R, et al. Room-temperature Superconductivity in Acarbonaceous Sulfur Hydride[J]. Nature, 2020, 586:373-377.

[7] Wen H H. Developments and Perspectives of Iron-based High-temperature Superconductors[J]. Advanced Materials, 2008, 20:3764.

[8] Cao Y, et al. Unconventional Superconductivity in Magic-angle Graphene Superlattices[J]. Nature, 2018, 556:43-50.

镁

——大自然的瑰宝

蒋 斌 黄光胜 陈玉安 王敬丰 陈先华 张丁非[*]

关 于 镁

镁是元素周期表中的第12号金属,元素符号为 Mg,密度是 1.74 g/cm³,电子结构为2-8-2,是一种六方最密堆积的晶体结构,在 650 ℃(1202 ℉)就会变成液态,在1107 ℃(2024.6 ℉)就变成气态了。镁氧化物的性质与钙一样介于"碱性"和"土性"之间,故被称为碱土金属元素。

镁的名字 Magnesium 来自希腊城市美格里亚 Magnesia,因为这个城市附近盛产氧化镁,被称为 Magnesia Alba,即白色氧化镁。第一个确认镁是一种元素的科学家是 J. Black,他于 1755 年在英国爱丁堡辨别出了石灰(氧化钙,CaO)中的苦土(氧化镁,MgO),两者都是由加热类似于碳酸盐岩、菱镁矿和石灰石来制取。后来他又发现了另一种镁矿石——海泡石(硅酸镁)。镁在地壳中的存在形式主要为菱镁矿(碳酸镁,$MgCO_3$)、白云石(碳酸镁钙,$CaMg(CO_3)_2$)和光卤石(水合氯化镁钾,$KCl·MgCl_2·H_2O$)。

1808 年,纯净的金属镁由 Humphry Davy 电解氧化镁制取,后来法国科学家 A-A-B Bussy 使用氯化镁和钾反应制取了大量的金属镁,并于 1831 年之后开始研究镁和镁合金的各种特性。

1886 年镁和镁合金开始工业化生产;1930 年德国首次将 73.8 kg 的镁合金使用在汽车上;1935 年苏联首次将其用于飞机生产;1936 年德国大众使用镁合金生产了"甲壳虫"汽车发动机传动系统零件;1938 年英国伯明翰首次将镁合金应用到摩托车变速箱壳。20 世纪 40 年代,加拿大科学家皮江(L. M. Pidgeon)采用硅热法提取镁,该方法工艺简单,生产成本大幅降低,使全世界的原镁产量大幅增

---

* 蒋斌、黄光胜、陈玉安、王敬丰、陈先华、张丁非,重庆大学。

加,当时镁合金在战争中使用的也很多。截至2017年,镁在全世界的年产量约为100万t。

镁 的 优 点

镁和镁合金因为具有一系列的优点,获得广泛应用。

(1)镁元素在地球上的储量非常丰富。随着现代科技的不断发展,金属材料的消耗与日俱增,金属矿产资源逐渐趋于枯竭。而镁在地球上储量丰富,在地壳表层金属矿的资源含量为2.7%,在常用金属中排第4位,仅海水中镁的含量就达6×10^{16} t。在很多金属趋于枯竭的今天,科学家和用户们越来越重视镁,认为加速开发和使用镁合金材料是实现可持续发展的重要措施之一。

(2)镁的密度低,是实际应用中最轻的金属结构材料。图1为几种材料重量形象对比。在节能减排的大背景下,许多国家的政府、企业和研究机构对镁合金及其成形技术高度重视,投入了大量人力、财力进行开发研究,并取得了一定的成果。

图1 几种材料的重量对比

(3)镁的吸振性能高。镁有极好的阻尼减振性能,可吸收振动和噪声。

(4)镁合金的加工性能良好。

① 尺寸稳定性好:当它从模具中取出时,产品只有很小的残余铸造应力,因此,它不需要进行退火和去应力处理。而在加载情况下,镁也能呈现很好的抗蠕变特性。

② 高的模具寿命和易于自动化生产:熔融的镁不会与钢起反应,这使得它更易于实现在热室压铸机中的自动生产操作,同时也延长了钢制模具的寿命。与铝的压铸相比,镁铸造模具寿命比前者高出2~3倍,通常可维持20万次以上的压铸操作。

③ 良好的铸造性能：在保持良好的结构条件下，镁允许铸件壁厚小至0.6 mm。这是塑料制品具有与镁相同机械强度下无法达到的壁厚。另外，镁合金铸件在长时间使用过程中不会产生组织变化，低温（-10 ℃以下）时，亦无脆裂问题。

④ 良好的切削性能：镁比铝和锌具有更好的加工及切削特性，这促使镁成为最易切削加工的金属材料。

（5）环境适应性良好，可回收再用。镁合金可完全回收再提炼，这符合环保的要求，使得镁合金比许多塑料材料更具吸引力。

（6）高散热性。镁合金的热传导能力是塑料的150倍以上，且明显优于一般结构金属，可使热源快速地分散，是现今设计密集的电子产品的最佳选择。

（7）高电磁干扰屏障。镁合金有良好的阻隔电磁波的功能，可实现数百 MHz 工作频率下的全频率范围100 dB 以上的完全吸收，且不需再有其他防范措施，因此可大幅降低成本。另外，镁合金也可对手机所发射的电磁波进行有效的阻隔，可降低电磁波对人脑的影响。

此外，镁还具有无毒、无磁性等特点。

镁和镁合金的广泛应用

正因为有这么多的优点，全球众多科学家都致力于镁家族的应用和研发。

纳米结构和超细晶粒材料、集成计算材料工程（ICME）以及合金和加工设计等技术的出现，为镁合金的研究打开了全新的设计大门。在军事应用上，2007 年美国国防部参与举办了国际镁研讨会。研讨会的目的是评估镁合金的全球最先进水平，并就加工、微观结构和相应性能方面的最新进展交换信息。会上指出镁的从人员防护到车辆结构的广泛应用潜力。之后美国陆军研究实验室与 MENA 公司达成协议，共同发展制造用于装甲地面车辆的镁合金。此外，各种镁合金也正在被研究用于复合头盔外壳。

在民用上，各国纷纷加大镁合金制品的研发力度，尤其是20 世纪90 年代以来，相继出台了镁的研究计划，开展了大型的"产、学、研"联合攻关项目和计划。德国政府制订了一个投资2500 万德国马克的镁合金研究开发计划，主要研究压铸合金工艺、快速原型化与工具制造技术和半固态成型工艺，以提高德国在镁合金应用方面的能力；欧洲汽车制造商提出"3公升汽油轿车"的新概念，美国也提出了"PNGV"（新一代交通工具）的合作计划，其目标是生产出消费者可承受的每100 km 耗油3 L 的轿车，且整车至少80% 以上的部件可以回收，这些要求迫使汽车制造商采用更多高新技术，生产耗油少、符合环保要求的新一代汽车。此外，科学家还研究将镁合金用于笔记本电脑、移动电话、数码相机、摄像机上，并广泛推广到家电和通信器材等领域。

交通工具的轻量化离不开镁

"轻量化"一词最先起源于赛车运动,后来随着"节能环保"的普及越来越受重视,交通工具的轻量化成为当前节能减排和社会可持续发展的重要话题。

以汽车为例,根据研究,汽车所用燃料的60%消耗于汽车自重,汽车自重每减轻10%,其燃油效率可提高5%以上;汽车自重每降低100 kg,每100 km油耗可减少0.7 L左右,每节约1 L燃料可减少CO_2排放2.5 kg,年排放量减少30%以上。所以减轻汽车、火车等交通工具的重量对环境和能源非常友好,交通工具轻量化也已成必然趋势(图2)。

图2　使用了镁合金的轻量化车辆

那么,车辆轻了,是不是就不安全、不耐撞了? 回答是否定的。因为真正承受撞击强度的是车皮包裹下的车架,汽车碰撞时的冲击能量理论上与汽车的质量成正比。在同等条件下汽车越轻,碰撞时冲击能量越小,车身结构的变形、侵入量和乘员受到的冲击加速度就越小,汽车对乘员的保护性就越好,汽车也就越安全。合理的汽车轻量化不但不会降低汽车的安全性,而且还有利于汽车安全性能的提升。轻量化有助于加速性能的提高,而汽车制动时消耗的能量也与汽车质量成正比,汽车越轻,在以相同初速度刹车时,制动器要消耗的能量就越小,制动减速度就越快,制动距离就越短,制动性能就会有明显改善,汽车安全性就越好。

镁和镁合金在汽车上的应用。到目前为止,汽车上共有60多个零部件可以采用镁合金制造,其中方向盘骨架、转向管柱支架、仪表盘骨架、座椅框架、气门室罩盖、变速箱壳、进气歧管、中控支架等部件已产业化。采用镁合金制备的汽车轮毂与铝合金轮毂相比,重量可减轻30%左右,同时还能提高汽车的使用性能,在赛车及某些高档车上早已得到使用。

2016年6月28日,李斯特(Lister)汽车公司宣布推出捷豹Knobbly斯特林·莫斯限量版(图3)。该车是全球唯一的完全采用全镁车身的车型,且变速箱和差速器上也采用了镁制品,这使该整车重量仅有841 kg。

图3 使用了镁合金的捷豹Knobbly斯特林·莫斯限量版汽车

镁和镁合金在摩托车上的应用。早在20世纪80年代,摩托车零部件就已开始大量使用镁合金,主要有发动机曲轴箱壳体、前后轮毂、大货架、保险杠、车架、手把管、减振体及前叉管等。如果这些零部件全部使用镁合金,其在摩托车上的用量可达到22 kg,将大幅度减少摩托车自重。摩托车装上镁合金零部件后,不仅能够降低油耗,而且减振效果更好,能够改善驾乘的舒适性及安全性(图4)。

图4 使用了镁合金的摩托车

镁合金在自行车上的应用。自行车是人力驱动的工具,质量的减轻带来的效果非常显著。全球范围内的自行车已在大量使用镁合金(图5)。镁合金应用在自行车上,不仅加速性及稳定性好,而且还可吸收冲击与振动,使骑行轻快舒适,让人不易疲劳。

图5　使用了镁合金的自行车

镁合金在电动客车上的应用。镁合金挤压型材已开始在电动客车上大量使用,车身骨架相对于铝合金骨架减重110 kg以上(图6)。测试表明,与钢骨架客车相比,该车的制动距离降低27%,车外噪声降低约7%,车内噪声降低约13%,续航里程提高4%左右。

图6　使用镁合金的电动客车车身骨架

镁合金在飞机上的应用。早在1934年,德国就已将镁合金制造的飞机零部件应用到福克Fw-200飞机上,主要用在飞机的发动机罩、机翼蒙皮及座位框架上,每架飞机共用镁合金材料大约650 kg。目前,镁合金在直升机和战斗机上的应用主要包括飞机框架、座椅、发动机机匣、齿轮箱壳体等。WE43等镁合金已通过美国联邦航空管理局的适航认证,正逐渐开始在民用客机上试用。

镁合金在动车上的应用。2017 年 6 月,具有完全自主知识产权的中国标准动车组"复兴号"正式投入运营,实现了中国轨道交通技术又一里程碑式的进步(图7)。"复兴号"列车就使用了镁合金挤压侧墙型材和地板导槽型材,实现了世界上最高运营速度的动车组的车内组件轻量化技术升级,达到了新的节能目标。

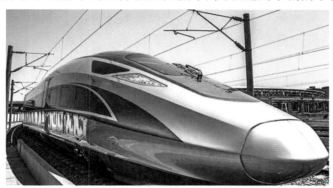

图7 使用了镁合金的"复兴号"动车组

镁及镁合金在交通工具上应用前景良好。目前,全球年用镁量仅为 100 万 t,而同类金属铝全球年用量在 5000 万 t 以上。镁作为铝的替代金属具有巨大的发展空间。全球原镁及镁合金 90% 都产自中国,据行业专家预测:未来 5~10 年,全球用镁量将有爆发式的增长,特别是轨道交通和汽车轻量化为镁工业加速发展提供了巨大的机会。

镁是很好的电磁波屏蔽材料

近年来,除了噪声污染、水污染、空气污染、固体废弃物污染外,电磁辐射已成为第五大污染,特别是在机电及 3C 领域电磁干扰和电磁污染是不可回避的问题。常用的电磁屏蔽材料有金属材料和高分子复合材料。多数高分子材料的导电性能较金属差,而且存在材料磨损大、易氧化、难加工、高成本等缺点。因此,为了保证各种仪器设备的安全性和可靠性,需要发展高电磁屏蔽的材料以满足当今社会发展的需求。已有研究表明镁合金是一种兼具优异综合性能的潜在电磁屏蔽材料。

1. 电磁辐射及对人类的危害

电场和磁场的交互变化会产生电磁波,电磁波向空中发射或泄露的现象叫电磁辐射。电磁辐射是一种看不见、摸不着的场。按其来源分为自然辐射和人工辐射,前者主要包括黑子活动、雷电、宇宙射线辐射和自然界中天然放射性核素发出的射线辐射等;后者主要来源于人类活动,如各种发射设备、交通设备、电力设备、通信设施、高频设备等。电磁辐射作为一种能量传递的方式,一方面是信息产生、传递、接收和处理所依赖的载体,另一方面又是电磁干扰、电磁环境污染和电磁信息泄密等危害的制造者。电磁辐射污染由充斥在地球乃至宇宙空间的电磁波导致。

　　电磁辐射污染产生的危害主要包括对人体健康的负面影响、对环境的不利影响及对电子设备的干扰等方面。首先,电磁波作为一种能量的载体,由空间共同移送的电能量和磁能量组成,如图8所示,而该能量是由电荷移动产生的。电磁波能量的大小,取决于频率的高低,频率愈高,能量愈大,如频率极高的X光和γ射线,甚至能够破坏人体组织合成分子。相关研究也已表明,人长时间暴露在电磁辐射环境下,将导致各种疾病的产生。1998年世界卫生组织最新调查显示,电磁辐射对人体有五大影响:电磁辐射是心血管疾病、糖尿病、癌症突变的主要诱因;电磁辐射对人体生殖系统、神经系统和免疫系统造成直接伤害;电磁辐射是造成孕妇流产、不育、畸胎等病变的诱发因素;过量的电磁辐射直接影响儿童组织发育、骨骼发育,可造成视力下降、肝脏造血功能下降,严重的可导致视网膜脱落;电磁辐射可使男性性功能下降,女性内分泌紊乱。如今金融、广电、IT、电力、电信、民航、铁路、医疗等广泛近距离接触各种电子电气设备的行业已经成为电磁辐射八大高危行业。

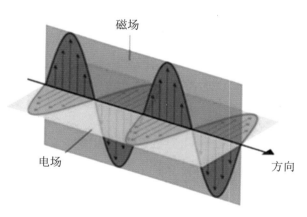

图8　电磁辐射矢量

　　其次,电磁辐射还会影响自然环境,严重时会导致辐射源周边的植物无法生长,基因突变而死亡。2015年丹麦亚勒鲁普的中学生做了一个Wi-Fi信号对水芹和豌豆生长影响的实验。他们发现在没有路由器的房间,种子经过12天都萌芽并生长了;而在有路由器的房间,种子不仅没有生长而且大多数都死了。电磁辐射对动物也会产生类似于人体的影响。

最后,电磁辐射引起的电磁干扰将影响电子设备的正常运转。特别在通信、航空、交通运输、医疗、军事泄密等关系国计民生的领域,一旦设备失灵或异常响应,将造成严重的经济损失及人员伤亡。

因此,电磁防护(或电磁屏蔽)作为一种最常用的防护手段,日益凸显其重要性,并日益成为研究的重点。世界各国和地区也相继制定了一系列的电磁兼容标准。我国的电磁屏蔽研究与发达国家的相比,起步稍晚,差距大,特别是在加入世界贸易组织后,国产电子设备要站稳国内市场,进军国际市场,就必须符合相关的标准规定。

2．电磁屏蔽和材料

电磁屏蔽是指用导电或导磁材料制成屏蔽体,利用屏蔽体的反射、衰减等方式将电磁干扰能量限制在一定范围内,其目的是限制内部能量泄漏出内部区域(主动屏蔽)和防止外来的干扰能量进入某一区域(被动屏蔽),如图9所示。

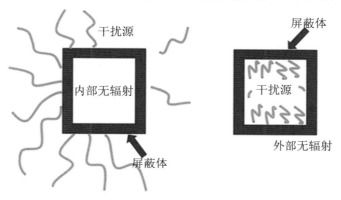

图9　电磁屏蔽概念的示意图

目前学术界公认的有以下三种经典电磁屏蔽理论:传输线理论、电磁场理论及感应涡流理论,其中以传输线理论应用最广。

为了定量描述材料的屏蔽性能,通常采用屏蔽效能。屏蔽效能是指不存在屏蔽体时某处的电磁场能量强度与存在屏蔽体时同一处的电磁场能量强度之比,单位为分贝(dB)。屏蔽效能越大,则表明屏蔽体对入射电磁波的屏蔽效果越好,具体分级标准如表1所示。主要测试方法有同轴测试法、开阔场地测试法、屏蔽盒法、屏蔽室法。

表1　电磁波屏蔽效果的分级标准

屏蔽效能(dB)	< 10	10～30	30～60	60～90	> 90
评价效果	差	较差	中等	良好	优

电磁屏蔽材料在电子工业高速发展的时代是一种防止电子污染必需的防护

性功能材料。电磁屏蔽材料的种类有很多,主要有复合材料、金属、泡沫、涂层、薄膜等。具有良好导电性能的材料,比如金属等,作为电磁屏蔽材料,它能够有效地反射电磁波。此外,磁性材料是很好的电磁屏蔽材料,它能有效地吸收电磁波。传统金属具有较好的电磁屏蔽性能,但其密度较大。复合材料,如导电填料、纤维、碳纳米管和颗粒增强聚合物都可作为电磁屏蔽材料。导电性能良好的聚合物泡沫复合材料,具有低的密度,能有效地反射和吸收电磁波。但是,复合材料复杂的加工限制了其更广阔的应用。

3.镁是优良的电磁波屏蔽材料

由于屏蔽材料常用于电子设备的外壳,以防止电磁泄漏或用作被防护体的外壳,以防止电磁波的进入,所以一般都是板带材或铸件。1967年V. C. Plantz提出了屏蔽密度的概念,屏蔽密度的概念是给屏蔽设计者解决如何最大化屏蔽效能且轻量化屏蔽结构的最佳答案。对比于铜、银、钢、钛、铝等金属,镁合金在能满足屏蔽体屏蔽效能的技术要求的同时,还能发挥其低密度的优势,相比之下有更广阔的应用前景。同时,镁合金作为屏蔽材料,不需要像涂层屏蔽材料一样在表面涂覆一层导电物质,也不需要如复合材料一样,在基体中添加导电纤维,并且更环保,容易切削加工、制造成型,适合用于各种电子电气设备的外壳。

镁合金具有良好的电磁屏蔽性能,表2列出了纯镁及镁合金和其他合金在不同频率下的电磁屏蔽性能。从表中可以看出,镁合金的电磁屏蔽性能优良,是一种潜在的电磁屏蔽材料,明显高于铝合金的电磁屏蔽性能。比如,AZ31镁合金在900 MHz时的电磁屏蔽性能可达64 dB,而2024铝合金在此频率时的电磁屏蔽性能仅为35 dB。

表2 厚度为2 mm的纯镁、镁合金及其他材料的屏蔽效能(SE)

材料	SE(dB)		
	30 MHz	900 MHz	1500 MHz
纯镁	70	51	52
ZK60镁合金	65	55	50
AZ31镁合金	73	64	55
AZ61镁合金	70	59	47
ZM61镁合金	65	49	47
纯铝(3 mm)	67	36	35
2024铝合金	35	35	35
粉煤灰空心微珠	75	35	31

4.生活中的镁屏蔽

镁合金电磁屏蔽的应用是多方面的,小到笔记本、手机等生活通信设备,大到航天航空等领域的应用。市场上的某些高端数码相机、手机、笔记本等都采用了镁合金材料。镁合金制品不仅重量轻,便于携带,并且能够有效屏蔽电磁辐射,保证通信设备的正常运行,不受电磁波的干扰(图10)。如 Microsoft Surface Pro4 微软电脑笔记本系列均采用镁合金机身外壳,机身总重量只有约766 g。联想公司的 ThinkPad 笔记本电脑外壳大多采用镁合金壳体,美国 White Metal Casting 公司生产的外形尺寸为610 mm×610 mm 计算机外壳就是用镁合金压铸而成的。日本SONY 公司在1996年就开始用镁合金制作手提式摄录机机壳,TOSHIBA 公司则将镁合金用于笔记本电脑外壳。近年在日本等地,镁合金压铸件的壁厚已经可以做到0.5~1 mm,索尼公司早期的 VAIO PCG-505 系列笔记本电脑外壳壁厚为1 mm,重量仅为20 g,且电磁屏蔽性能良好。

采用镁合金制造移动电话外壳后,电磁相容性大大改善,减少了通信过程中电磁波的散失,提高了移动电话的通信质量,并且减轻了电磁波对人体的伤害。此外,还提高了外壳的强度和刚度,外壳不易损坏,满足了轻巧、美观、实用的要求。如爱立信 CF788 移动电话,其尺寸为105 mm×49 mm×24 mm,外壳为镁合金,带电池的重量为35 g。日本移动电话市场占有率最高的京瓷公司也已经将原来的 PC/ABS 塑料改为镁合金。

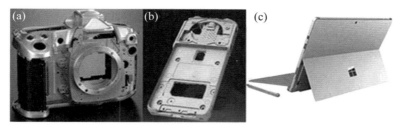

图10　电磁屏蔽镁合金在生活通信设备中的应用
(a) 镁合金数码相机机身;(b) 镁合金手机壳;(c) 镁合金笔记本外壳

5．镁合金的电磁屏蔽在航天航空及军事上的重要应用

飞机暴露在由射频发射器产生的高强度辐射场的地面上、空中和海上,在大气中复杂的频率以及电子设备狭小的空间都会使电磁辐射污染变得更加严重。在过去的15年里,飞行驾驶员已经报告了100多万起可能由电磁干扰造成的事故。专家认为可随身携带的电子设备会发射出一些辐射,这些辐射很有可能会影响飞机用来导航和与地面联系的波段。恐怖分子也开始利用飞机可能容易受电磁干扰这一特点,采用无线设备来破坏飞机的导航系统。飞机上各设备对电磁辐射屏蔽出现问题,造成偏离航道、落地点不精确、杂波干扰信道等无法想象的灾难。因此,航空航天器制导、导航、控制、指挥、侦查、通信等,需要使用电磁屏蔽,保护电路工作不受外来信号影响。例如,在 B-36 轰炸机上,共使用了8600 kg 的

镁,其中一半是用作功能材料,包括电磁屏蔽方面。

在现代战场上,电磁环境趋于复杂,干扰源发射的电磁波穿透武器装备的敏感器件时,其危害足以使武器系统瘫痪致使其瞬间失去战斗力。以能击穿目前所有坦克装甲的某种最新型重型反坦克导弹为例,其在国内外属于第三代防空导弹系统,杀伤空域大、抗电磁干扰能力强、抗多目标饱和攻击能力强,导引系统先进(有两级指挥管制体制),足以适应现代战争的需要。采用镁合金制作的导弹外壳蒙皮、稳定架、管件、导向舵罗底盘等都具有良好的电磁屏蔽性能。

电磁屏蔽作为一种最常用的电磁辐射防护手段,其重要性日益凸显,已成为各国研究重点,发展高性能屏蔽材料是一个关键环节。镁因具有优良的电磁屏蔽性能,在航天航空、3C产品、国防军工等领域的应用越来越广泛。为此多方位开发镁合金新材料和新工艺,对进一步改善电磁环境及促进我国产业升级、行业进步和社会发展都将有重要意义。

喧嚣的克星:镁

随着工业现代化的发展,振动和噪声问题变得尤其突出。

当前,主要的减振降噪技术有三种:① 系统减振:在系统中安装减振器以达到减振降噪的目的,实际应用较多,但受系统重量、尺寸限制;② 结构减振:巧妙设计结构,避开共振区,增加基座重量或制备多孔吸声材料的屏蔽罩,这种减振方法在工程机械中应用较多,但是减振效果有限,无法在航空航天、轨道交通等领域广泛应用;③ 阻尼材料减振:阻尼是材料的一种性质,它能够将材料的机械振动能量通过内部机制不可逆地转变为其他形式的能量,再以耗散振动能量实现减振降噪。与前两种技术相比,阻尼材料减振是将振动和噪声抑制在发生源,对系统结构设计没有特殊要求,使用范围更宽。

目前高阻尼材料可以分为两大类:有机系统和金属系统。具有黏弹性阻尼特性的有机涂层或夹层具有较高的阻尼本领,但由于很容易被环境污染,所以它们只在特定的频率和温度范围内才是有效的。在所有金属结构材料中,镁合金阻尼性能最好,阻尼系数是铝合金的6～30倍,是钢的2～6倍。高的阻尼容量和良好的消振性能,使其可承受较大的冲击振动负荷。

对于具有高阻尼性能的镁合金而言,如何解决阻尼性能和力学性能之间的矛盾,开发同时具有高阻尼和高强度的镁基阻尼合金是高性能镁合金开发的重要课题之一。目前已开发及使用的镁基阻尼合金基本为铸造镁合金,通过热机械加工工艺如挤压、热轧和等通道角挤压等以及热处理工艺,研究和开发变形的镁基阻尼合金将是未来该领域的重要方向。

我们的身体需要镁

镇在人体中起着至关重要的作用,它能使我们的大脑和身体保持健康。一般来说,人体缺乏镁不能很快地诊断出来,这是因为人体中60%～65%的镁存在于骨骼和牙齿中,27%的镁分布于软组织中,只有1%的镁在血液里。所以我们常规的体检是很难检查出自己缺乏镁元素。

镇是人体细胞内重要的阳离子,参与蛋白质的合成和肌肉的收缩作用。通过保持健康的饮食可以治疗少量的镁缺乏,因为镁普遍存在于我们的食物中。叶绿素是镁卟啉的螯合物,所以绿叶蔬菜是富含镁的。紫菜中含镁量最高,每100 g紫菜中含镁460 mg(图11),居各种食物之冠,被喻为"镁元素的宝库"。其余含镁食物有:谷类如小米、玉米、荞麦、高粱、燕麦等;豆类如黄豆、黑豆、蚕豆、豌豆、豇豆等;蔬菜如冬菜、苋菜、辣椒、蘑菇等;水果如杨桃、桂圆、核桃仁等;其他如虾米、花生、芝麻、海产品等。

图11 镁元素的宝库——紫菜

中国营养学会建议,成年男性每天约需镁350 mg,成年女性约需镁300 mg,孕妇以及哺乳期女性约需镁450 mg(每星期可吃2～3次花生,每次5～8粒便能满足对镁的需求量)。

镇在人体中有多种生理功能:

(1)激活多种酶的活性,镁作为多种酶的激活剂,参与300多种酶促反应。

(2)可以封闭不同的钾通道,阻止钾外流;也可抑制钙通过膜通道内流。

(3)能维护骨骼生长和神经、肌肉的兴奋性。

(4)能维护胃肠道和激素的功能。

(5)是高血压、高胆固醇、高血糖的"克星",有助于防治中风、冠心病和糖尿病。

作为人体的必需元素,镁及镁合金材料受到生物医用领域专家的青睐,它们的应用主要集中在骨固定材料和心血管支架(图12、图13)。由于镁合金材料与人骨的弹性模量接近,可有效缓解应力遮挡效应;在愈合初期可提供稳定的力学性能;在愈合后期降低其应力遮挡作用,能够加速骨折愈合;还能防止局部骨质疏松和再骨折的发生。此外,镁合金材料因具有易降解性和合适的力学性能,可被制成可降解的心血管支架。镁合金支架植入狭窄闭塞段血管,经球囊扩张后对管壁起机械支撑作用,能够保持管腔畅通。受损血管段重建完成后,镁合金支架以一定速率在体内降解,可以避免炎症的发生和长期服药的烦恼。

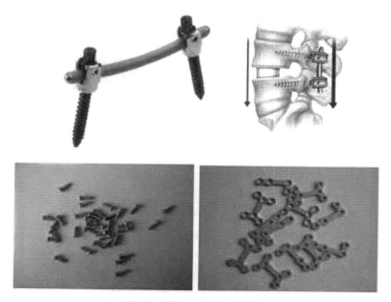

图12　镁合金骨固定器件

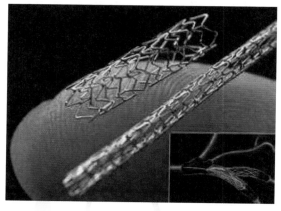

图13　心血管支架

镁让未来生活更"氢"而易举

能源是人类生存和社会发展的重要物质基础。小到给手机充电、路灯照明，大到"长征五号"发射上天，都需要充足能源的支持。随着人类对能源需求的日益增大，全球的煤、石油、天然气三大化石能源储量急剧下降，面临资源枯竭的危险。同时，化石燃料燃烧时排放的CO_2、SO_2和烟尘等有害物质引发的大气污染和全球变暖等环境问题日益严重。人类迫切需要寻求更高效的、可再生的清洁能源来代替传统的化石燃料。

氢能作为一种清洁、高效、安全、可持续、来源广泛的新能源，有望成为化石能源的替代品，是人类的战略能源发展方向。氢能具有以下优点：① 氢的燃烧产物是水，对环境不产生任何污染；② 氢可以通过太阳能、风能等分解水而再生，是可再生能源；③ 氢的燃烧值高，每千克氢燃烧后产生的热量约为汽油的3倍，焦炭的4.5倍；④ 氢资源丰富，可通过水、碳氢化合物等分解生成；⑤ 化工领域存在大量的工业废氢、有机废氢无法有效利用的问题。如果我国能够将这些废氢高效利用起来，可为实现"双碳"目标走出重要一步。

氢气的高效制取、安全储运和合理应用是开发和利用氢能的三个重要环节（图14）。目前，氢气的制取和提纯技术已比较成熟，可实现氢气的规模化生产。由于氢气在常温常压下具有所有能源中最低的密度，且易燃、易爆、易扩散，氢气的储存和运输已成为制约氢能规模化应用的瓶颈。

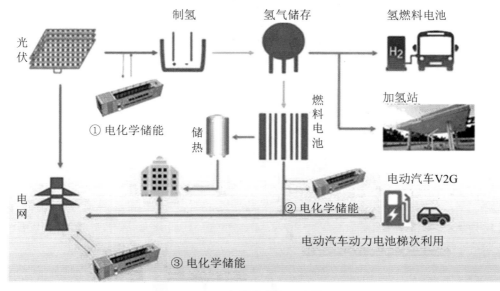

图14　氢能的制取及应用

目前,氢气的常用储存方式主要有高压气态储氢和低温液态储氢,如图15所示。

高压储氢加氢站原理图

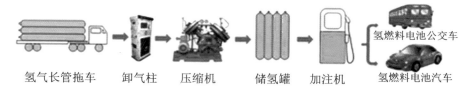

氢气长管拖车　卸气柱　压缩机　储氢罐　加注机　{ 氢燃料电池公交车　氢燃料电池汽车

低温液态储氢加氢站原理图

液氢拖车　液氢储罐　液氢泵　汽化器　蓄压瓶组　加注站　{ 氢燃料电池公交车　氢燃料电池汽车

图15　氢气的储存与应用

（1）高压气态储氢是在室温下将氢气压缩并储存在高压储气瓶中的方法。目前,氢燃料电池汽车的车载储氢系统氢压最高可达70 MPa,但因高压特点易发生漏气等安全隐患,且其制造成本较高。

（2）低温液态储氢是在标准大气压下,将氢气冷却至液化温度（−252.8 ℃）以下形成液态氢,储存在绝热储氢容器中的方法。液态储氢体积能量密度要比高压气态储氢高好几倍。但液化氢气能过大且超低温环境使用的材料成本高,仅氢气液化过程就会消耗掉储存氢气中30%～45%的能量,且液氢储存需要保温性极佳的超低温容器,因此很难应用于日常生活。

为了解决这一问题,固态储氢技术受到了广泛关注。科学家发现,在适当的温度和压力下,一些合金能促使氢气由分子态变成原子态。这样,金属就像海绵吸水那样,让氢原子钻进合金内部储存起来。使用时,只要设法将氢从金属中

"挤"出来就可以了,随用随"挤",既经济、安全,又方便、高效。在以上大背景下,镁基固态储氢技术遇到了千载难逢的好机会。镁基储氢材料具有以下特点:

第一,储氢密度高。比较有代表性的镁基储氢材料——氢化镁(MgH_2)的质量储氢密度达 7.6 wt.%(重量百分比),相当于液氢的 1.5 倍左右的体积密度。

第二,镁是一种无毒、环保的金属。无论是储氢装置或者锂电池等其他技术,储能装置的大规模应用是即将到来的现实。因此我们也需要同时考虑装置废弃、回收的问题。我们今后一定会面临大量的废电池或者废储氢装置。这个时候利用镁这样的无毒元素可以大幅降低这些工业产品对环境带来的负面影响,从环保的角度也可以保障人类健康。

在储氢合金中,镁基储氢合金被广泛认为是最有发展前途的储氢材料之一。镁基储氢材料与可再生能源、水电解制氢、工业废氢以及燃料电池技术结合(图16),可以白天储能、晚上供电,具有不间断供电的能力,其应用场景非常广泛。该系统可作为移动式和分布式电源使用,为家庭、社区、公共充电桩提供电能。该系统可以被视为下一代具有高的储氢密度和安全性的固态储氢材料,结合燃料电池,可以为燃料电池汽车、无人机等更小型的电子产品供给电力。除此之外,氢能还可以应用到氢燃烧发动机,从而实现船舰以及航天航空领域的无碳排放。

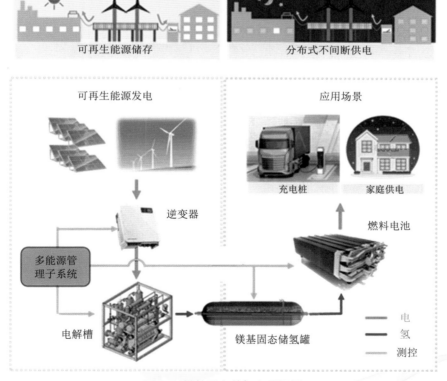

图16　镁基固态储氢应用场景

与此同时,镁基储氢材料在医学领域也受到了关注。一方面其可以改善因为镁缺乏引起的各种疾病;另一方面也可以清除体内恶性自由基,抗氧化防衰老,增强免疫力,改善机体抗病能力。因此,镁基固态储氢材料在生物医学领域具有广阔的发展前景,值得基础医学和临床应用研究的重视。但由于氢分子的特性,氢的获取应用在日常生活中有很多不便之处,使用镁基固态储氢材料研发的氢健康产品,很好地解决了日常生活中氢的获取和应用问题,使氢健康深入生活成为可能。镁基固态储氢材料运用到了医疗健康领域的衍生品中,包含吸氢机、富氢杯及洗护用富氢片剂。不同于常规的吸氢机、富氢杯,它无需用电,产生的氢气纯度高,不存在余氯和臭氧问题。吸氢机小型化,使用便捷,富氢杯不受饮品种类和温度限制,符合国人喜欢热饮的习惯。

镁基储氢材料在农业和畜牧业领域的应用也是基于镁和氢的共同作用。氢气具有非常可观的农业效益,因此有人认为氢气是潜在的化肥替代品。但是直接使用氢气应用于大田生产显然是不现实的,在土肥、水肥、叶肥中加入固态镁氢缓释材料,将是农业领域氢应用的可行方法,对农业产生有利的影响。镁基固态储氢材料作为一种缓释氢肥,起到调节植物激素的作用,提高植物的抗逆性,促进植物的营养吸收,改善土壤微生物群落结构,有利于植物生长发育。其分解产生的镁离子是叶绿素的合成元素,是植物光合作用所必需的;产生的氢气可直接被植物根系吸收,或释放到地表空气中形成氢气氛围被植物各组织部分吸收。

有镁就有电——发展中的镁电池

"我是镁,是海里的苦水。那满山的苍绿,都是我的硕果累累。"人们写了这样一首诗来赞美镁在这个星球上的丰功伟绩。当镁以离子形态存在时,它是个环保稳定的小宝宝。但当镁得到两个电子,回到金属状态后,它又会体现出活泼的"性格",与 N_2 和 CO_2 这些大气中稳定的分子甚至都能发生发光发热的反应。镁的两种"性格"之间的差异较大,在切换的时候,会有电子得失,同时释放出较大的能量,展现出比锂更高的能量密度。因此,镁电池是"后锂电池"时代发展的重要方向。

按照工作性质和储存方式的不同,电池可分为一次电池、二次电池等。顾名思义,一次电池是只能用一次的电池,放完电后即不能再充电,常见的一次电池有镁干电池(图17)、镁燃料电池;而二次电池则是指可以进行多次充放电循环使用的电池,比如近年来很火热的新能源电动汽车动力电池。

镁干电池作为典型的一次电池,是以镁为负极,某些金属或非金属氧化物为正极的原电池。电池主要由正极、负极、电解液组成。镁一次电池利用镁负极在金属状态和离子状态之间转化,再匹配正极的电子得失反应,通过设计,以电能的形式释放蕴藏的能量。目前大批量的商业镁干电池还比较少,以定制和特种用途为主。常见的有镁锰干电池,主要供军事通信和气象测候仪、海难救生设备及高空雷达仪等使用。镁锰干电池的工作电压为1.7~1.8 V,其能量比同体积锌锰干电池大1倍左右。它具有良好的温度适应性,能在−20~60 ℃条件下使用,在储存期其电荷量下降率每年仅为3%左右,储存寿命长达5年。镁锰干电池组在美国陆军已得到应用,中国也已将该种电池列入了军用镁电池标准(GJB 885—90、GJB 319A—97)。

图17　镁干电池

镁燃料电池也是镁一次电池的一种,主要由镁合金负极、中性盐电解质和正极组成,把电池中的镁合金当作燃料,可实现长时间运行,并且对镁合金负极更换后电池可再次使用。镁燃料电池根据所使用的正极可分为镁空气电池、镁过氧化氢燃料电池和镁次氯酸盐燃料电池等。镁燃料电池中的典型代表是镁空气电池,是一种清洁、安全、高效的新型电池。其原理是以空气中的氧为正极活性物质,金属镁作为负极活性物质,空气中的氧气可以源源不断通过气体扩散电极到达电化学反应界面与金属镁反应而放出电能。镁空气电池理论开路电压可达2.7 V,理论比容量为6.8 kWh/kg。20世纪90年代初,WesTInghouse公司研制出了海洋应用的圆柱形镁空气电池。该电池系统能量达到650 kWh,系统设计寿命为15年。

二次电池指可反复循环充放电池,可以说目前我们每个人都离不开它,比如我们每个人手里用的手机就是用锂离子二次电池进行电量存储的,大到新能源汽车等都是应用锂离子二次电池。电池在充放电过程中金属离子在两个电极之间迁移,可以看作被搬运的货物。在众多可选择的金属离子体系中(锂、钠、钾、镁、钙、锌),镁金属负极拥有不易长枝晶、高体积比容量(3833 mA·h/cm³,锂金属为2036 mA·h/cm³)、高储量、低成本(只有锂金属的1/45)、可安全回收等特点,具有诸多优势和巨大发展潜力。因此,美国能源部可再生能源实验室、日本丰田、英国剑桥大学、丹麦及以色列的知名工科大学，以及由德国、西班牙的研究机构组成的联合研究团队"E-Magic"，正计划到2030年开发出具有突破性的高容量、更环保性的镁电池。

国内镁电池的开发具有较好的基础和广阔的应用前景，基于镁电池的研发工作正在逐步推进。多种镁离子电池、镁空气电池体系等关键材料都取得了突破，在2021年的中国国际高新技术成果交易会环保与能源展上，广东省国研科技研究中心有限公司展示了与国家镁合金材料工程技术研究中心合作开发的镁二次电池、镁空气电池、镁干电池等产品，其优势极为显著。

镁电池在储能领域的各个方向上都有了一定的应用，但目前仍然以特种电源和实验室应用为主，距离商业应用还有一定距离。相信在科研人员的努力下，在不久的将来，镁的潜力和优势能得到进一步发挥，在能源材料领域贡献更多的力量。

结 束 语

镁及镁合金已在人们的生活和工农业生产中得到广泛的应用，已在轻量化、阻尼减振、电池屏蔽、生物医用等多个重要领域产生很好的应用效果。我国的镁及镁合金研发与应用处于世界领先水平，随着镁及镁合金材料与技术的持续发展，未来将在储氢、电池等重要领域产生不可估量的影响，将推动我们生活和生产的进步与革新。

信息存储材料
——大数据时代的"基石"

宋志棠 薛 媛 宋三年[*]

信息载体是在信息传播中携带信息的媒介,是信息赖以附载的物质基础,即用于记录、传输、积累和保存信息的实体。从商代出现的甲骨文,到青铜器,再到后来的竹简,信息载体不断演变,推动着人类文明的发展。但是这些载体技术传递的信息量很少,严重阻碍了信息的广泛传播,直到汉代造纸术和隋唐印刷术的诞生,才使人类的历史和文化源远流长。在历史的长河里,简单文字记载已经不能满足人类对文明的记载,由此推动了信息载体和传播媒介的向前发展。20世纪60年代计算机和互联网的诞生,翻开了人类发展的又一篇章,人类开始进入了全球信息化时代。随着信息向数字化、网络化的迅速发展,超快实时的信息处理和高密度信息存储已成为信息技术追求的目标。历史发展表明,作为信息载体的存储材料是信息技术发展的基础和先导。这类材料在一定强度的外场(如光、电、磁或热等)作用下会发生从某种状态到另一种状态的突变,并能使变化后的状态保持比较长的时间,而且材料的某些物理性质在状态变化前后有很大差别。通过测量存储材料状态变化前后的这些物理性质,数字存储系统就能区别这两种不同状态,并用"0""1"来表示它们,从而实现存储。

半导体存储技术的"家族成员"

半导体存储技术可以分为基于电荷的传统存储器和基于电阻的新型存储器。其中,静态随机存储器(SRAM)、动态随机存储器(DRAM)和闪存(NAND Flash、NOR Flash)为电荷型,目前主要以硅基为主,其性能与成本成正比关系,性能越好,成本越高。从图1可以看到,各存储器的性能差别很大。其中,静态随机存储

* 宋志棠、薛媛、宋三年,中国科学院上海微系统与信息技术研究所。

器速度非常快,是目前读写最快的存储设备,但是价格非常高。它主要应用于中央处理器中,用于加速中央处理器内部数据的传送。它在供电的时候一直保存数据,不需要刷新。但是不供电后,数据将丢失,为易失性存储器。动态随机存储器主要应用于电脑内存,用来临时存储数据。有了这个缓存区,中央处理器可以直接从内存提取数据,而不是从硬盘提取,从而加快了中央处理器处理数据的速度,由于数据需要不断刷新,所以能量消耗大。[1]闪存存储器的应用最广泛,常见的有U 盘、SD 卡等,属非易失性存储器,即断电后数据不会丢失,因此主要用于存储数据。但是相对来说,其存储和读取数据的速度慢,循环寿命差。[2]目前基于非易失性存储器的发展基本都是基于闪存的存储技术,工艺简单和价格优势使它不管是在大容量存储器还是在嵌入式存储器中都占有很大的优势。

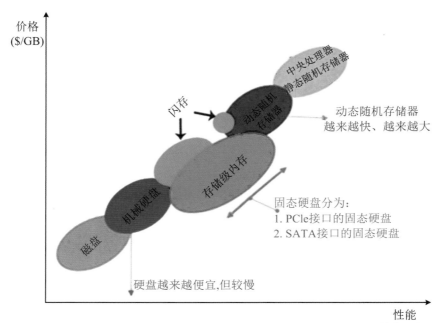

图1　目前主流存储技术的性能和成本

电阻型存储器包括相变存储器(PCRAM)、磁阻存储器(MRAM)、阻变存储器(RRAM)、铁电存储器(FeRAM)。这些新型存储器都是基于不同的信息存储材料进行信息存储的,同时它们都属于非易失性存储器。由于传统的存储器目前出现微缩物理瓶颈,与新型互补金属氧化物半导体(CMOS)工艺不兼容的问题,作为半导体存储技术这个大家族中的新成员,这些新型存储器或者具有更快的存取速度,或者具有更高的耐用性,或者具有更小的裸片尺寸、成本和功耗,甚至有可能为未来存储器内计算(In-Memory Compute)的开发提供支撑,受到了工业界和学术界的更多关注。

磁存储材料。 19 世纪发现的钢丝录音技术是应用最早的磁存储技术。20 世纪末,巨磁阻(GMR)效应和隧穿磁电阻(TMR)效应的发展让磁存储器得到了快速的发展,随后基于磁性隧道结的磁性存储器出现。磁存储器本身的核心功能器件是磁性隧道结(MTJ),如图 2 所示,电流在穿过磁性层的时候被极化,形成自旋极化电流,所以磁阻存储器(MRAM)的数据是以磁状态进行存储的。它的单元中包括自由层以及钉扎层两层,钉扎层的磁极被固定在一个方向,而自由层通过 MTJ 产生的电场来改变极性,所以能够呈现出两种状态:当自由层与钉扎层的磁极化方向平行时,则呈现低阻态;当方向互为反平行的状态时,则呈现高阻态。1995 年,日本东北大学的 Miyazaki 与美国 MIT 的 Moodera 两个研究小组分别成功获得了室温下的隧穿磁阻效应(Tunneling Magnetoresistance,TMR),他们制备的磁隧道结以 Al_2O_3 作为势垒,TMR 值分别为 11.8% 和 18%。[3-4] 2004 年,IBM 实验室的 Parkin 等人和日本 AIST 研究所的 Yuasa 等人分别成功制备了采用单晶 MgO 势垒的磁隧道结,室温隧穿磁阻效应值达到 200% 左右。[5-6] 此后,基于单晶 MgO 势垒的磁隧道结的室温 TMR 实验值不断提高,一度(2008 年)达到 604%。[7] 当前主流的磁隧道结均采用单晶 MgO 作为势垒层。2005 年,Sony 公司基于 CoFeB/MgO/CoFeB 磁隧道结首次制备了 4 kb 的自旋转移矩磁阻内存(STT-MRAM)演示芯片。[8] 自旋转移矩磁阻内存芯片尺寸小,读写速度快,适合作为移动设备中的嵌入式存储器,它将会在未来的电子设备以及汽车电子等领域扮演重要的角色。

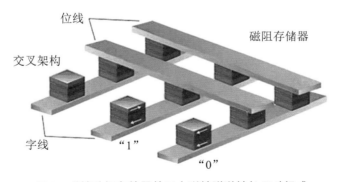

图 2　磁性随机存储器单元由磁性隧道结(MTJ)组成

阻变存储材料。 阻变存储器(RRAM)是一种基于导电细丝和界面态理论产生高低阻值变化进行存储的存储器。RRAM 的存储都是基于氧化还原反应的过程,如图 3 所示,通过不同的材料引出的不同的物理机制可以分为以下几类:① 电化学金属化记忆效应(简称 ECM 效应),它要求其中一个金属电极为电化学活性的金属材料,包括 Ag、Au 等,而另一个电极是由惰性金属电极构成的(Pt、W 等),金属离子在中间固体电解质的介质层中迁移。② 价态变化记忆效应(简称 VCM 效应),它与 ECM 效应不同,其机理仅依赖于中间的介质材料,采用金属氧化物作为夹层,比如钙钛矿结构的化合物。由于在介质层中存在着氧空位,通过偏压使氧空位进行迁移。③ 热化学记忆效应(简称 TCM 效应),由热反应导致。阻变存储器所用材料根据不同类型及工作原理可以分为以下几类:钙钛矿氧化物,如 $SrTiO_3$、MnO_3 等;过渡金属氧化物,如 NiO、TiO_2、CuO_x 等;固态电解质,如 SiO、WO_3、Ag_2S 等;有机化合物。它的非易失性能和操作电压低的优点,使它在嵌入式应用方面较受欢迎。目前,RRAM 也得到了在神经网络中作为突触器件方面的应用。

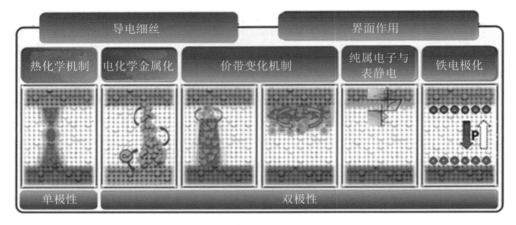

图3 阻变机制的主要分类及相关模型示意图

相变存储材料。基于相变存储材料进行存储的相变存储器(PCRAM)主要是利用硫系材料的晶态与非晶态之间的电阻差异来进行信息的存储。相变材料作为 PCRAM 的核心,其本质在很大程度上决定着存储器的性能。经过大量对相变材料的筛选及研究,能够作为相变材料的相图如图4所示。最初使用的材料是以 $Ge_{15}Te_{85}$ 为代表的 Te 基共晶合金,向其掺杂 Sb、S 或 P 等。虽然这些材料可以用于存储,但是结晶的速度很慢,需要微秒级。后来,显示具有快速的结晶性能的材料包括 GeTe 及 $Ge_{11}Te_{60}Sn_4Au_{25}$。这就触发了沿 GeTe-$Sb_2Te_3$ 系伪二元合金的发现,例如 $Ge_1Sb_4Te_7$、$Ge_1Sb_2Te_4$ 和 $Ge_2Sb_2Te_5$,这些合金表现出较短的结晶时间和较宽的光学对比度。后来经过一系列的掺杂改性,其中一些用于了商业产品。1991 年,Ag 和 In 掺杂的 Sb_2Te 组成比接近 $Ag_5In_5Sb_{60}Te_{30}$(AIST)的合金被发现,可用于可重写的光学存储介质。[9]目前,研究最多的是以 $Ge_2Sb_2Te_5$ 为代表的相变材料,它具有较好的电学性能以及较优异的组分稳定性。此外,纯的 Sb 材料被认为具有爆炸式的结晶速度,因此 Sb 及其掺杂的材料也备受关注。基于 Ge-Te 和 Sb-Te 基的相变材料被广泛研究,因为属于生长主导型,因此具有比 $Ge_2Sb_2Te_5$ 更快的速度,尤其是 Sb-Te 基材料。在 Ge-Sb-Te 材料体系中,目前应用最多的是 $Ge_2Sb_2Te_5$,在不同的温度下它具有两个晶态形式,亚稳态的面心立方相和稳定态的六方相。$Ge_2Sb_2Te_5$ 在 150 ℃ 左右从非晶态转变为面心立方相,此时 Ge/Sb/空位随机分布在阳离子格点的位置,Te 原子占据着阴离子格点的位置。面心立方相的 $Ge_2Sb_2Te_5$ 能够在室温中稳定,有利于数据存储的应用。当温度升高到 350 ℃ 左右时,$Ge_2Sb_2Te_5$ 开始向六方相转变,六方相的 $Ge_2Sb_2Te_5$ 是能量较低的稳定态。六方相中,在[0001]方向上由连续九层结构相连接,中间有范德瓦尔斯空位层。虽然 $Ge_2Sb_2Te_5$ 是目前最成熟的相变材料,但是基于 $Ge_2Sb_2Te_5$ 的 PCRAM 的十年数据保持力只有 85 ℃,不能满足在特殊应用场景中的要求,比如汽车电子(十年数据保持温度 125 ℃)、航空航天(十年数据保持温度 150 ℃)等高温领域,且其写速度只有 50 ns,掺杂改性是目前能够获得一个各项性能均衡且能够应用的材料的最主要的解决办法。2018 年,Intel 推出第一款基于 PCRAM 的 3D Xpoint 技术研制的内存产品——Optane DC Persistent Memory,这使得 PCRAM 在高密度方面能够与 3D-NAND 技术匹敌。

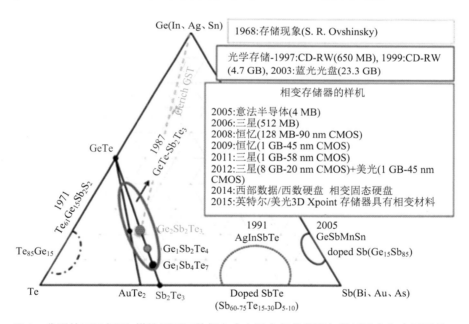

图 4　典型的三元相图,描绘了不同的相变合金及它们的发现年份以及它们在不同的光学存储产品中的使用

铁电材料。铁电材料因其广阔的应用前景而备受关注。经过多年的研究,目前主流的铁电材料主要有 PZT 和 SBT。PZT 是锆钛酸铅 $PbZr_xTi_{1-x}O_3$,SBT 是钽酸锶铋 $Sr_{1-y}Bi_{2+x}Ta_{1-x}O_9$。其中,PZT 研究的最多,使用最为广泛,它可以在较低的温度下

进行制备,采用溅射和金属有机气相沉积的制备方式,优点是剩余极化较大、原材料制备、晶化温度较低,但是疲劳退化,对环境不友好。而采用SBT材料,可以避免疲劳退化的问题,并且不含铅,对环境友好,但是制备工艺要求高,需要温度较高,导致工艺集成难度变大,剩余极化程度较小。铁电存储器(FeRAM)一般采用金属/铁电薄膜/金属这样的铁电电容来存储信息,铁电电容和常规电容最大的区别就是铁电电容具有非线性的Q-V曲线,即电滞回线。FeRAM的主要原理是利用铁电晶体的铁电效应实现数据存储,如图5所示。铁电效应是指在铁电晶体上施加一定的电场时,晶体中心原子在电场的作用下运动,并达到一种稳定状态;当电场从晶体移走后,中心原子会保持在原来的位置。以PZT为例,在有外电场的作用下,位于晶胞的Ti(或Zr)原子会向下或向上产生物理偏移,当撤掉电场后,原子也不再回到晶胞的中心位置,使得整个晶胞中正、负电荷中心不再重合,表现出具有一定的极化特性,存储器就是利用这两个稳定的状态来进行信息存储的。FeRAM具有操作速度快、功耗低、与CMOS工艺相兼容的优点,但是FeRAM集成密度低,限制了其作为大容量存储器的使用。

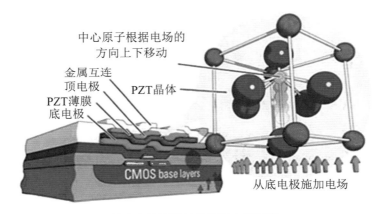

图5　铁电存储器的结构图及存储机理

人类在信息化社会的道路上越走越远,半导体存储器像许多的新兴技术一样普及在人们每天的工作和生活中,越来越不可或缺。各类存储器八仙过海,各显神通,人们根据不同领域的要求,选择合适的存储器。在当前这个信息爆炸的时代,移动电子设备、物联网、云计算及大数据的应用和发展,使得存储器的需求越来越大,存储器应用非常广泛,市场非常庞大,是大数据时代和人工智能时代下各国的战略性高技术产业。

参 考 文 献

[1] Iyer S S，Barth J E，Parries P C，et al. Embedded DRAM: Technology Platform for the Blue Gene/L Chip[J]. IBM J. Res. Dev.，2005，49：333-350.

[2] Cappelletti P. Non Volatile Memory Evolution and Revolution[C]. 2015 IEEE International Electron Devices Meeting (IEDM)，2015：10.1.1-10.1.4.

[3] Miyazaki T，Tezuka N. Giant Magnetic Tunneling Effect in Fe/Al_2O_3/Fe Junction[J]. Journal of Magnetism and Magnetic Materials，1995，139：L231-L234.

[4] Moodera J S，Kinder L R，Wong T M，et al. Large Magnetoresistance at Room Temperature in Ferromagnetic thin Film Tunnel Junctions[J]. Physical Review Letters，1995，74：3273-3276.

[5] Parkin S S P，Kaiser C，Panchula A，et al. Giant Tunnelling Magnetoresistance at Room Temperature with MgO (100) Tunnel Barriers[J]. Nature Materials，2004，3：862-867.

[6] Yuasa S，Nagahama T，Fukushima A，et al. Giant Room-temperature Magnetoresistance in Single-crystal Fe/MgO/Fe Magnetic Tunnel Junctions[J]. Nature Materials，2004，3：868-871.

[7] Ikeda S S，Hayakawa J，Ashizawa Y，et al. Tunnel Magnetoresistance of 604% at 300 K by Suppression of Ta Diffusion in CoFeB/MgO/CoFeB Pseudo-spin-valves Annealed at High Temperature[J]. Applied Physics Letters，2008，93：82508.

[8] 都有为. 应重视自旋电子学及其器件的产业化[J]. 功能材料信息，2011，8(3)：9-14.

[9] Iwasaki H，Ide Y，Harigaya M，et al. Completely Erasable Phase Change Optical Disk[J]. Japanese Journal of Applied Physics，1992，31：461-465.

永磁材料
——助力科技进步的基石

朱明刚　王　超[*]

　　所谓永磁材料,通俗一点说,就是我们日常生活中常见的吸铁石。它包括铁氧体永磁材料、易加工金属永磁材料和稀土永磁材料。根据中国古代许多史料记载,永磁材料可以追溯到两千年之前,而四氧化三铁(Fe_3O_4)就是我国古代人民最早使用的天然磁石。从司南开始,再到后来的指南针,都是我国古代人民巧妙利用磁性材料的智慧结晶。直到19世纪,奥斯特与法拉第发现了电与磁之间可以互相转换,以及麦克斯韦电磁理论的建立,人们对于磁的认识才逐渐加深,使磁学的研究进入微观领域,永磁材料才真正走进并开始影响人类的生活。自此以后,几乎每一次产业技术的革新与进步都离不开永磁材料的身影。现在,稀土永磁材料的大规模应用,助力现代信息产业大跨步向前发展。如果集成电路产业是现代社会可以思考的"大脑",那么稀土永磁产业就是现代社会得以进步和发展的"肌肉"。无处不在的稀土永磁虽然并不起眼,但是在我们的工作和生活中扮演着不可忽略的角色。

磁性的来源与稀土永磁的发展

　　磁性材料磁性的表现借助于磁体所产生的磁场,通过磁场使我们的生活发生了实实在在的改变。磁场的产生可以分为两种方式:一是运动的电荷产生磁场,如电磁铁,磁场的强度和方向都能控制;二是通过电子的自旋,使自身带有磁矩,从而产生磁场。

　　我们接下来所说的稀土永磁的磁性来源尽管不能单纯地认为是电子的自旋产生的磁性能,但是正是因为有电子的自旋,才使稀土永磁能产生磁场并具有优

＊　朱明刚、王超,钢铁研究总院有限公司。

异的磁性能。

稀土永磁材料是以稀土金属元素与过渡族金属间所形成的金属间化合物为基体的永磁材料，其磁性能是所有永磁材料中最强的。现代稀土永磁材料的发展主要经历了三代。

早期对于磁性材料的研究主要集中在硅钢片、铝镍钴和铁氧体等，但其磁性能较弱（以铝镍钴为例，其最大磁能积仅在43 kJ/m³(5.4 MGOe左右))，渐渐地不能满足日常应用与产品使用的需求。因此人们很希望出现一种综合磁性能较强的永磁材料。随着人类对于磁性研究、理解的加深与稀土元素冶炼和应用技术的提升，稀土永磁得以问世。第一代稀土永磁是具有$CaCu_5$结构的稀土−金属钴化合物RCo_5（六角结构）。当E. A. Nesbitt[1]率先报道了具有强永磁特性的$GdCo_5$后，仅仅过了10年，人们通过对于工艺和成分的摸索以及改进，以粉末冶金工艺的方式制备出了以$SmCo_5$（钐钴）为原材料的稀土永磁体，其矫顽力最高可达3200 kA/m (40 kOe)，最大磁能积为130～180 kJ/m³(16～22 MGOe)，磁性能远远高于铝镍钴和铁氧体等永磁材料。[2]至此，第一代稀土永磁材料面世。

尽管RCo_5稀土永磁的磁性能取得了一定的突破，但较低的饱和磁化强度限制了其进一步发展。随后人们把目光转向了磁化强度比RCo_5更高的R_2Co_{17}化合物。R_2Co_{17}化合物的生成比较简单，所有的稀土元素与金属钴都可以生成该化合物，但是稀土元素的次晶格与Co的次晶格分别为单轴各向异性与面各向异性，使单纯的二元R_2Co_{17}化合物很难直接获得较优的磁性能。随后通过引入Fe、Cu、Zr元素部分取代Co元素，最终使R_2Co_{17}化合物获得高剩磁与矫顽力。直到20世纪70年代末，日本公司制备出了最大磁能积高达180 kJ/m³(22 MGOe)的2∶17型稀土永磁，这标志着第二代稀土永磁的诞生。[3]

但是，当时的稀土冶炼分离技术还不够成熟，稀土Sm价格较贵，金属Co属于战略金属，价格也较高，且制备磁体用量较大，这就造成了前两代稀土永磁材料仅在国防、航空航天和尖端技术上获得一定的应用，大规模利用具有一定的困难。直到20世纪80年代初，日本的佐川真人和美国的Groat等人分别报道了一种包含钕(Nd)、铁(Fe)、硼(B)等元素的新型稀土永磁体，这意味着第三代稀土永磁材料的诞生。[4-5]第三代稀土永磁钕铁硼具有强单轴各向异性和高饱和磁化强度，目前，钕铁硼的磁能积在实验室条件下已经达到了474 kJ/m³(59.5 MGOe)，接近理论磁能积的93%。同时，生产钕铁硼所需的原材料在地壳中的储量较高，资源丰富，成本相对于前两代稀土永磁体大大降低。

经过多年的发展，三代稀土永磁体的磁性能均已得到长足的进步与发展，与铝镍钴永磁体相比，相同磁能积条件下，稀土永磁体的体积用量相较于铝镍钴永磁体减少到1/10,而相较于永磁铁氧体用量减少到1/15。正是得益于稀土永磁体优异的磁性能,众多性能大幅度提升的轻、薄、小的电子产品才得以面世。

表征永磁材料的主要性能参数有最大磁能积($(BH)_{max}$)、剩磁(B_r)、矫顽力(H_{cj})和居里温度(T_c)。最大磁能积通俗的理解是表示磁性材料对于铁磁性材料"吸力"的大小,其大小与剩磁的大小的平方成正比关系。材料的矫顽力可以理解为衡量材料磁性能稳定的一把尺子,矫顽力越大,其抗失磁能力越强,磁性能越稳定。尽管矫顽力和最大磁能积的单位不一样,但稀土永磁行业内通常用"矫顽力+最大磁能积"表示材料的综合磁性能,这个值越大说明材料的性能越优异。就如同将水库的"库容+水坝"作为描述水库规模的重要指标一样。水库越大,建设难度和技术水平越高,大型水库是希望"库容"越大越好,而不是"水坝"越厚越好,但要求"水坝"足够结实,不能垮坝,相当于"矫顽力+最大磁能积"中的磁能积越大越好,矫顽力适当即可,但要求矫顽力随温度的变化越小越好。居里温度是指永磁体使用温度的极限,当超过该温度,磁体的磁性能会不可逆地消失。由于稀土永磁优异的磁性能,被人们称为超级永磁、永磁之王。正是凭借稀土永磁,使人们"上天入地"成为可能。如将"嫦娥五号"送入月球的"长征五号",其采用的是液氧发动机,发动机里面配套的磁钢就是稀土永磁体。作为"海底幽灵"的潜艇,其静音性能是保证其能否"隐身"的关键指标。随着我国宣布艇用永磁推进电机试车成功,稀土永磁电机在潜艇上的应用会逐渐普及,我国潜艇的静音性能可以得到大幅提高,我国潜艇因此将有望成为世界上非常安静的潜艇。著名的美国"爱国者"导弹系统中的雷达,及其指挥控制系统以及用于拦截或攻击目标的导弹,其核心器件就有稀土永磁的身影。

神奇的海尔贝克阵列

随着磁性材料在人类社会生活中的大显神通,人们对于磁性材料的开发利用也逐渐加深。第二代和第三代稀土永磁体的最大磁能积分别达到了理论值的90%,磁能积进一步提升的空间不大,因此如何最大限度地发挥出磁性材料的性能、提高永磁体的利用率变得重要起来。

1973年,美国学者Mallianson在对永久磁铁结构进行拼装实验时发现了一种奇特的永磁铁结构,并把它称为"Magnetic Curiosity"。他当时并没有察觉到这种结构的应用价值。1979年,美国学者K. Halbach在利用各种永磁铁结构产生的磁场做电子加速实验时,发现了这种特殊的永磁铁结构,并逐步完善这种结构,最终形成了所谓的"Halbach"(海尔贝克)磁铁。它是工程上近似理想的结构,与传统的径向充磁方式和轴向充磁方式不同,其利用特殊的磁体排列,将各个磁体的磁化方向可以沿阵列依次旋转某个角度,通过将不同充磁方向的永磁体按照一定规律排列,部分永磁体为磁通提供路径,使最少量的磁体产生最强的磁场。海尔贝克磁铁阵列可以由不同的分段磁体组合而成,使得永磁体产生的磁场在气隙一侧得到减弱,提高了气隙的磁通密度,而另外一侧的磁场显著加强,且很容易得到在空间较理想正弦分布的磁场。如图1所示,磁体按一定的方式排列,其组成的阵列单面磁场强度得到明显加强,而另一侧则大幅降低。

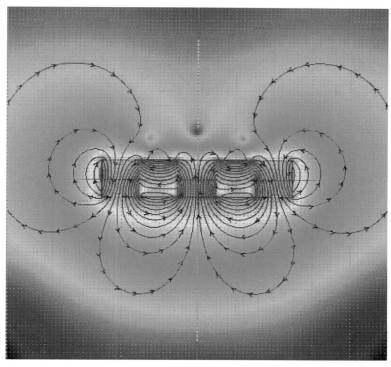

图1 海尔贝克阵列磁场分布(图片来源于网络)

对于海尔贝克阵列,永磁电机绝对是其大显身手的舞台之一。海尔贝克阵列可以分为直线形阵列和环形阵列,其主要应用在高速电机、高精度伺服电机、直线电机、高能物理、磁悬浮列车系统以及医学等诸多领域。随着工业技术以及自动化程度的提高,人们对于电机的驱动性能以及性能参数要求越来越高。通过改变电机内部的磁体结构,可以最大限度地得到增强的单边磁场,以便运动单元能够承受更大的载荷,同时有利于提高气隙磁通密度和气隙磁密波形的正弦性,而且能够降低动子轭部的损耗,提高效率。如果直线发电机的永磁体采用海尔贝克阵列,同时对电机的结构进行了优化设计,可以使该电机具有效率高、功率密度高、动子质量小和齿槽力低等优点。另外,在我们熟悉的磁悬浮列车中,通过对海尔贝克阵列的应用,在保证气隙密度不变的情况下,增加列车载荷的同时,使列车内的乘客不暴露在较强的磁场中。

　　海尔贝克阵列除了应用在需要获得单边磁场增强的场景外,还可以利用其单侧磁场强度大幅降低的特性获得单面磁体,如我们日常生活中经常用到的冰箱贴。冰箱贴中所使用的磁性材料是铁氧体黏结磁体,尽管其磁性较弱,但如果其按照图2的方式组成阵列,可以使一侧的磁场强度大大增强的同时阵列的另一侧磁场强度近乎为零。

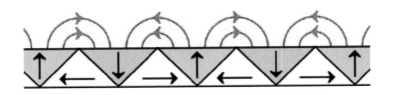

图2　海尔贝克阵列(图片来源于网络)

无处不在的稀土永磁材料

　　稀土永磁科学与技术的发展、创新与应用,带动几乎全球所有领域发生以绿色、智能、泛在为特征的群体性技术革命。稀土永磁材料是世界各国发展高新技术不可缺少的功能材料。在未来,将以稀土永磁材料为基础,在能源技术与生态环境保护、无线通信技术与人工智能以及航空航天与交通运输等方面以更多的创新方式服务社会。

　　新时代"新稀土永磁"。稀土永磁材料是20世纪60年代出现的新材料。稀土永磁行业发展至今一直是稀土消耗量最大的稀土下游行业。稀土金属共有17种,但稀土永磁主要消耗附加值较高的镨、钕、镝、铽等金属,这就造成了稀土资源消耗不均一,其他稀土资源浪费、闲置等一系列问题。由于稀土是一种重要的且必需的不可再生资源,因此从某种意义上说稀土永磁也是一种不可再生资源。因此,我国科技工作者从平衡稀土资源的利用以及加强生态环境保护方面出发,在2011年提出并开发出了一种具有新型结构的稀土永磁——双(多)主相钕磁体。[6-7]这种结构的磁体里面包含两种或多种性能差异较大的永磁晶粒,且不同种类的永磁晶粒比例可以人为调整。可以简单地把材料中的晶粒理解为游戏中的"王者""白银"和"青铜",根据这三者的比例,整个磁体的性能可以在"星耀""钻石"和"黄金"之间自由调整。稀土永磁的使用场景遍布人们生活的方方面面,这种具有独特结构的"新稀土永磁"的成功开发在解决稀土资源平衡利用的同时也必将促进稀土永磁相关产业链合理、快速发展。

稀土永磁助力持续低碳行动。与传统能源相比,清洁可持续的风能不依赖矿物能源,发电成本低,而且可利用的风能在全球范围内的分布都很广泛。这些独特的优势致使风力发电发展迅速(图3)。目前在风力发电机组中稀土永磁材料的使用占比已经超过40%。未来在新的风电机组的研发方面,稀土永磁材料将是当之无愧的主角。大力发展风力发电有利于未来减少化石能源的使用,将为全球生态环境可持续发展做出巨大贡献。

图3 稀土永磁在风力发电以及汽车电机上的应用(图片来源于网络)

随着目前碳达峰和碳中和政策的逐渐推行,稀土永磁电机正加速渗透电动汽车和传统工业电机行业。在全球市场范围内,电动汽车的生产技术已经非常成熟,销售也已经颇具规模。面对这种情况,汽车厂商也一直在进行新型强续航能力和强动力的电动汽车的研发。目前电动汽车动力源常用的主要有永磁同步电机和交流异步电机两种。与交流异步电机相比,稀土永磁电机具有高效区宽、节能性、小体积、轻量化等方面的优点。目前,以宝马、比亚迪等为代表的绝大多数企业均采用的是稀土永磁电机作为驱动系统。由于稀土永磁电机能效高,提升稀土永磁材料在新能源汽车上的渗透率将极大地减少电力消耗,有助于减少碳排放。未来稀土永磁材料必将助力电动汽车产业的高速稳定发展。

稀土永磁助力智慧城市建设

在人工智能发展的时代,研究者已经将计算机编程与磁传感器有机结合在一起,发明了智能机器人和智能家电等一系列智能化设备,科技的发展大大丰富了人们的生活(图4)。在人工智能信息传递环节的关键技术是磁传感器,包括力传感器、震动传感器和转矩传感器。它们大部分可以由稀土永磁材料制作而成。未来人工智能将向微小化和灵敏化方向发展。这样便需要更微小、更精密的稀土永磁材料。永磁薄膜材料的发展将会提供全新的技术支持。从智能家居到智能小区,人工智能的全面发展将进一步促进智慧城市的实现。

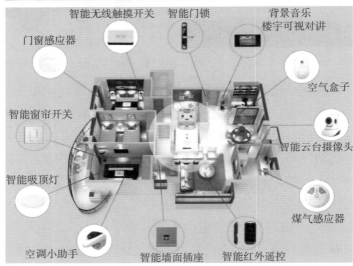

智能无线触摸开关　智能门锁　　背景音乐
　　　　　　　　　　　　　　楼宇可视对讲

门窗感应器

智能窗帘开关　　　　　　　　　　　空气盒子

智能吸顶灯　　　　　　　　　　智能云台摄像头

空调小助手　智能墙面插座　智能红外遥控　煤气感应器

图4　稀土永磁助力智能机器人以及智能家居等快速发展(图片来源于网络)

　　5G时代"看不见的身影"。移动通信已经深刻地改变了人们的生活,但人们对更高性能移动通信的追求从未停止。真空微波器件是保证高速通信的核心器件之一,其中真空电子器件需要强磁场约束连续波的信号放大,因此温度稳定性高、性能优异的稀土永磁材料正是满足器件稳定使用的不二选择。如果说5G时代真正地让全世界的人们联系在一起,那5G手机则是人们与这个世界联系在一起的纽带。目前中国是全球最大的智能手机制造中心和消费市场,稀土永磁是智能手机中不可或缺的高端配件,主要应用于其电声部分、影像系统、测控装置的零配件中。随着5G乃至未来6G对社会的各个领域的逐渐渗透,稀土永磁必将以其"看不见的身影"影响人们的生活。

智能轨道交通领域显神通。中国研发了永磁补偿式磁悬浮技术。其原理是利用车载磁体与轨道磁体产生的排斥力与吸引力共同作用,从而产生向上的浮力,使列车悬浮于轨道运行(图5)。还有永磁调速器、永磁联轴器、永磁悬浮轴承、永磁制动器都用到了稀土永磁材料,它是磁悬浮技术中必不可少的材料。未来磁悬浮飞机技术的发展将进一步缩小国与国之间的距离,使全世界变成真正的地球村。智能轨道交通方面还体现在遥感技术的发展上,精确控制车辆的位置,防止交通事故的发生。建立大规模的交通监控监管系统,大数据反馈分析路况,高效智能化地指挥交通,防止拥堵现象的发生。

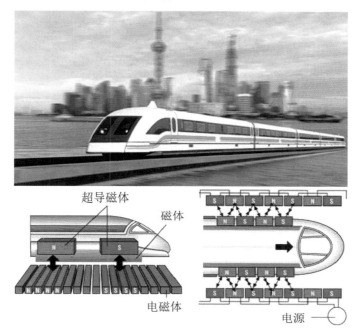

图5　磁悬浮列车和永磁体在磁悬浮列车上的应用(图片来源于网络)

展　望

磁性材料应用广泛,已深入国民经济的各个领域。随着国家对绿色经济和环保事业的支持逐步加大,尤其是高技术领域的快速发展以及我国推进"碳达峰""碳中和"战略目标的实现,都离不开稀土永磁在其中发挥的重要作用。随着稀土永磁材料在未来智慧社会的方方面面,包括空天运载、工业电机、医疗设备、通信和智能机器人等领域发挥的作用越来越大,必然会助力我国科技大跨步发展。

参 考 文 献

[1] Nesbitt E A, Wernick J H, Corenzwit E. Magnetic Moments of Alloys and Compounds of Iron and Cobalt with Rare Earth Additions [J]. J. Appl. Phys., 1959,30:365.

[2] Das D. Twenty Million Energy Product Samarium-cobalt Magnet[J]. IEEE Trans. Mag., 1969,5: 214.

[3] Ojima T, Tomisawa S, Yoneyama T, et al. New TypeRare-earth Cobalt Magnets with an Energy Product of 30 MGOe [J]. J. Appl. Phys., 1977,4:671.

[4] Sagawa M, Fujimura S, Togawa M, et al. New Material for Permanent Magnets on a Base of Nd and Fe [J]. J. Appl. Phys., 1984,55:2083.

[5] Groat J J, Herbest J F, Lee R W, et al. Pr-Fe and Nd-Fe-based Marterials: A New Class of High-performance Permanent Magnets [J]. J. Appl. Phys., 1984,55:2078.

[6] 王景代. 双主相合金法制备烧结(Nd,RE)-Fe-B磁体研究[D]. 北京:钢铁研究总院,2011.

[7] Zhu M G, Wang J D. A Kind of High Performance Magnets with Low Neodymium and No Heavy Rare Earth and Its Preparation Method:201110421875[P]. 2011-12-15.

形状记忆合金
——能记忆自己形状的神奇金属

赵新青[*]

2020年12月17日,"嫦娥五号"月球探测器携带月球土壤样品顺利着陆回家,圆满完成了中国首次月球无人采样任务。"嫦娥五号"的关键任务之一就是钻取月球表面不同深度的月壤或月岩,这些样品对研究月球成因和演化历史非常重要。现在就让我们看看月壤(月岩)是如何被钻取采集、封装并带回地球的。

从图1所示的"嫦娥五号"月壤钻取采集过程示意图可以看出月壤钻取后的收集过程:首先"嫦娥五号"用自身携带的空心钻头钻入月表下面的一定深度,钻取的月壤样品进入一个套在金属管外层的软布袋里;随着钻头的深入,软布袋经金属管内部缓慢提拉,直至钻取任务完成。钻取结束后,装月壤的软布袋自动系紧后转入月壤容器,然后由返回舱带回地球。当人们从电视直播观看"嫦娥五号"携带月壤返回地球时,可能会思考这样一个问题:"嫦娥五号"探测器在38万km之外的月球钻取采样时,那个装月壤的布袋是如何自动系紧,不让月壤样品洒落或流出的呢?

要回答这个问题,有必要提到一种能记住自己形状的金属——形状记忆合金(Shape Memory Alloy,SMA)。美国科学家在20世纪60年代初发现,具有近等原子比的Ni-Ti合金(Ni和Ti的原子百分比均为50%左右)在低温下进行适度变形,变形的合金在加热过程中可完全恢复到初始形状,呈现出完美的形状记忆效应。

"嫦娥五号"执行钻取采样任务时,为了防止软布袋中的月壤样品洒落或流出,采用了由Ni-Ti形状记忆合金制作的封口部件(封口器),在月壤钻采完成后自动系紧装月壤布袋的端口。将具有超弹性的形状记忆合金丝制成类似麻花状的封口器,然后在地面将其展开并固定在金属管外层的复合材料布袋内。"嫦娥五

* 赵新青,北京航空航天大学。

号"探测器的月壤钻采任务结束时,布袋的端部一经脱离金属管底端,布袋里面的类麻花状封口器立刻恢复其初始形状,迅速将装有月球土壤的布袋端口缠绕紧闭。

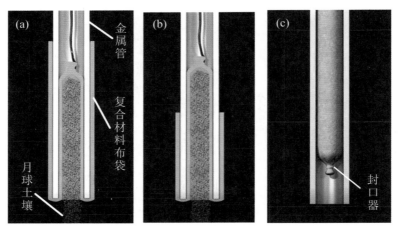

图1 "嫦娥五号"月球土壤钻取采样及封装示意图

金属为什么会有记忆?

人们可能会感到好奇,我们常见的普通金属或合金如金、银、铜、铝和钢都没有记忆功能,为何Ni-Ti合金却可以记忆自己的形状呢? 为了解答这个问题,首先简单介绍一下金属与合金在微观结构方面的基本属性。固体金属及合金普遍是由金属原子按周期排列而成的晶体,不同金属或合金中的金属原子可以排列成不同的晶体结构,例如面心立方、体心立方、斜方以及密排六方等晶体结构。在温度变化和外力作用下,某些金属或合金晶体结构的稳定性会发生改变,从而导致晶体结构发生转变,通常称之为固态相变。有一种有趣且重要的固态相变经常发生在金属或合金中,即所谓的马氏体相变(以德国冶金学家Martens命名),其典型特征是:晶体结构发生转变的同时,化学成分却不发生任何变化。

以前面提到的Ni-Ti合金为例,具有近等原子比的Ni-Ti合金在较高温度下,Ni和Ti原子排列成有序的体心立方晶体结构(称为B2结构);当温度下降到某定温度时,该合金便发生马氏体相变,其晶体结构由B2结构的母相(即奥氏体)转变为单斜结构(称为B19′结构)的马氏体。如果通过微观组织观察,可以看到形成的大量微米尺度的马氏体片或板条。由于形状记忆合金中的马氏体片或板条随着温度的降低而逐渐长大,并随着温度的升高而逐渐收缩,因此这种马氏体相变也被称为"热弹性"马氏体相变。

需要指出,为了适应晶体结构转变,片状或板条状马氏体内部的原子排列成孪晶结构。正是由于在温度变化和外力共同作用下的孪晶运动(演化),才使形状记忆合金产生了神奇的形状记忆效应。图2给出了形状记忆合金中的孪晶运动与形状记忆效应的示意图。

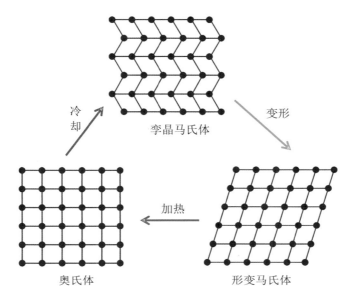

冷却

变形

孪晶马氏体

加热

奥氏体

形变马氏体

图2 形状记忆合金中的孪晶演化与形状记忆效应示意图

当形状记忆合金的温度降低至马氏体相变温度以下时,奥氏体便开始发生晶体结构转变,形成具有孪晶亚结构的马氏体片或板条。因此,合金在较低温度下的晶体结构是孪晶马氏体。此时如果对合金施加外力作用,马氏体中的孪晶界面发生移动,导致孪晶合并,从而使得马氏体中的孪晶数量显著减少(称为"去孪晶"过程)。伴随着去孪晶过程,合金会产生"塑性"变形,此时的马氏体被称为形变马氏体。需要注意的是,这里的"塑性"变形与普通金属及合金在外力作用下产生的"永久性"不可逆塑性变形是不同的。前者的"塑性"变形完全来自孪晶运动,而晶体的原子排布序列并不发生改变。合金一旦加热到某特定温度,随着形变马氏体转变回奥氏体,原来的"塑性"变形将完全消失,合金的形状恢复如初。因此我们就说,这种合金"记忆"住了自己原来的形状。

而普通金属或合金如金、银、铜、铝和钢等,一旦发生塑性变形,无论如何加热都不会产生任何形状恢复,这是由于此时的塑性变形与孪晶运动无关,而是在外力作用下,晶体的原子排布序列发生了不可逆转的错位。

形状记忆合金的超弹性

普通金属及合金在适当的外力作用下,其晶格(原子在晶体中排列的空间格架)会沿着外力的方向发生弹性变形,并在宏观上展现出与外力大小成正比的"线弹性"，即符合"胡克定律"。这个"线弹性"的最大值一般被称为弹性极限。超过这个极限，金属及合金就会发生永久性的塑性变形。块体状态的纯金属如金、银、铜、铝、铁等往往具有较低的强度，因此其弹性极限也较低。传统的金属及合金即使经强化处理增加其弹性极限，一般不超过1%。

如前所述，马氏体中的孪晶运动可使得形状记忆合金产生宏观变形。热弹性马氏体相变的一个显著特征是，通过降温和施加应力都可以使奥氏体转变为马氏体。因此，在较高温度（高于逆马氏体相变温度）下，可以通过施加外力引发马氏体相变及孪晶运动。由于在此温度下奥氏体比马氏体更稳定，因此外力卸载之后，由外力引发的马氏体立刻转变回奥氏体，孪晶运动导致的变形也随之消失，合金形状弹性回复。由于这种由孪晶运动导致的弹性回复非常显著，因此被称为"超弹性"。例如 Ni-Ti 形状记忆合金的超弹性可达8%以上，远远高于普通金属及合金材料。图3给出了形状记忆合金呈现超弹性状态下的应力−应变曲线。

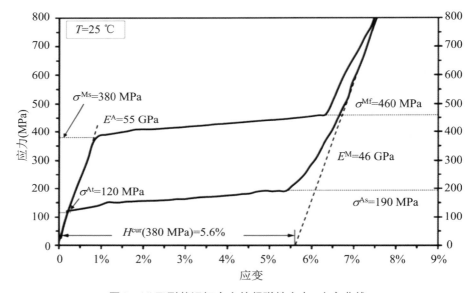

图3　Ni-Ti 形状记忆合金的超弹性应力−应变曲线

从图3所示的超弹性应力−应变曲线中可以看出，这种超弹性显然不符合与外力大小成正比的"线弹性"，而且其弹性区间包含了很宽的应力平台，随弹性增加平台应力几乎不变。因此，人们也经常将形状记忆合金的超弹性称为"伪弹性"。

在形状记忆合金应用领域，人们往往针对不同环境研制具有不同相变温度和力学性能的记忆合金，使之在具体温度下呈现形状记忆效应或超弹性，以实现记忆合金的智能驱动与响应。本文开篇提到的"嫦娥五号"月壤钻采系统的 Ni-Ti 记忆合金封口器，就是利用了合金的宽温度区间超弹性，实现了装月壤布袋的自动封口。

形状记忆合金的发现及其种类

形状记忆合金的首次发现要追溯到20世纪早期。1932年,瑞典的材料科学家在Au-Cd合金中观察到了"形状记忆"效应:较低温度下适度变形的Au-Cd合金一旦加热到某特定温度,合金即可完全恢复其初始形状。从此,人们把这种具有神奇"智慧"特性的功能合金称为形状记忆合金。Au-Cd合金体系的记忆效应被发现之后,并未获得继续关注和研究,也许当时人们尚未意识到记忆效应的应用前景。直到20世纪60年代初Ni-Ti合金的形状记忆效应和"伪弹性(或超弹性)"被发现之后,形状记忆合金的研究和应用才获得世界范围的广泛重视,并迅速应用到许多先进工业领域。

随着形状记忆合金研究的逐渐深入,人们又相继发现了铜基(Cu-Al-Ni、Cu-Zn-Al)、铁基(Fe-Mn-Si和Fe-Ni-C等)、钛基(Ti-Nb基)、镁基(Mg-Sc)和磁性记忆合金(Ni-Mn-(Co/Fe)-Ga)等形状记忆合金。在已经发现的形状记忆合金中,Ni-Ti基形状记忆合金由于具有优异的形状记忆性能和超弹性、良好的综合力学性能、优良的耐腐蚀性能和生物相容性,已经成为商用形状记忆合金的典型代表,并广泛应用于航空、航天、机械、能源、电子、生物医学以及日常生活等领域。

形状记忆合金的用途

1.航空航天领域

形状记忆合金首次成功应用于工业领域要追溯到Ni-Ti形状记忆合金被发现的1969年。航空液压管路的液压油渗漏是导致飞机事故的重要原因,为了解决液压管路漏油事故,美国的记忆合金研发公司采用Ni-Ti形状记忆合金制作了管接头连接件,并应用于航空液压管路的连接,成功解决了航空液压管路的液压油渗漏问题,在实现减重和连接简便的同时,显著提高了液压系统的安全可靠性。从那时起,已有数以百万计的形状记忆合金管接头应用于军用和民用飞机的液压管路,采用这种连接方式的液压管路从未发生过漏油、脱落和破损事故。

图4所示的是首次采用Ni-Ti形状记忆合金进行液压管路连接的F-14飞机及管接头照片。为了将需要对接的液压管路中的金属合金管实现连接,选用马氏体相变转变温度低于(或远低于)服役温度的Ni-Ti形状记忆合金,在合金处于奥氏体状态下将其加工成内径比待连接管外径略小一点的管接头,并在低于合金马氏体转变温度(或转变温度附近)将记忆合金管接头的内径扩大,然后将需要连接的两根金属合金管在管接头中部进行对接并加热,当温度升至Ni-Ti合金逆马氏体相变温度范围时,记忆合金管接头便自动收缩并锁紧被接管,从而实现管路牢固而紧密的连接。

图4　液压管路采用形状记忆合金管接头的F-14飞机及管接头

　　波音公司的工程师把形状记忆合金成功应用在了涡轮发动机的降噪系统,图5为波音公司设计的可改变形状的发动机尾部齿形端。将形状记忆合金板条固定在喷气发动机排气口周围的齿形尾端内侧,当飞机起飞或降落时较高温度的喷气可使记忆合金转变为奥氏体,这将导致记忆合金板条发生弯曲并使齿形尾端向内收缩,从而增加湍流以减少噪声;高空巡航阶段气流温度较低,从而使得固定记忆合金扳的齿形尾回复其初始的伸展状态,这对提高发动机的效能更有利。

图5　波音公司设计的可改变形状的发动机尾部齿形端

　　美国的NASA格伦研究中心基于未来的月球和火星任务,采用超弹性记忆合金开发了一种非充气的轮胎。这项创新轮胎利用Ni-Ti基形状记忆合金作为承载部件,该类形状记忆合金能够承受高达10%的高可逆应变,使得轮胎在经历永久变形之前能够承受比其他非充气轮胎更大的变形量。

通常使用的金属弹性材料(如弹簧钢)在屈服之前只能承受不超过1%的应变。利用具有大恢复应变的形状记忆合金作为承载部件,可使得轮胎承受大幅度变形而不产生永久性受损。同时,采用超弹性记忆合金的轮胎不需要内框架,既简化了车轮组件,又减轻了轮胎的重量。图6所示为NASA格伦研究中心研发的形状记忆合金超弹性轮胎。

图6　NASA格伦研究中心研发的形状记忆合金超弹性轮胎

2. 民用工业领域

说起形状记忆合金在民用或日用品工业领域的应用,不得不提到形状记忆合金成功用于早期智能手机的天线。在这之前使用不锈钢丝作为蜂窝电话的天线,但经不住弯曲变形而时常损坏。Ni-Ti超弹性记忆合金天线则完美解决了天线弯折损坏的问题,并得到了手机制造商和使用者的普遍欢迎。图7是早期智能手机采用的Ni-Ti超弹性记忆合金天线照片。

图7　采用超弹性记忆合金天线的早期智能手机

除了智能手机天线外,人们也把形状记忆合金成功用于其他日用品,如眼镜架、温度调节器、温控阀门、垫圈、集线器和女性文胸等。图8所示为Ni-Ti形状记忆合金在一些日用工业领域的应用实例。

眼镜架(超弹性)

文胸丝(超弹性)

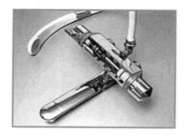
水温调节器(形状记忆)

垫片和紧固圈(形状记忆)

图8　Ni-Ti形状记忆合金在一些日用工业领域的应用实例

由于Ni-Ti形状记忆合金的超弹性及耐腐蚀性,在眼镜框架的鼻梁和耳部采用形状记忆合金可使人感到舒适,这种眼镜架也耐磨损和锈蚀。即使镜片发生热膨胀,Ni-Ti形状记忆合金眼镜框架也能依靠超弹性的恒定弹力夹牢镜片。当然,形状记忆合金眼镜架的最大卖点,还是超弹性合金框架具有的良好的抗变形能力。

因为形状记忆合金对温度具有良好的响应并产生驱动,人们采用Ni-Ti形状记忆合金开发了应用于日用品工业的温控阀门和温度调节器。以淋浴器温度控制为例,为了防止热水温度过高发生烫伤,可通过记忆合金温度控制器实现智能温控。例如当水温达到可能烫伤人的温度(约50 ℃)时,形状记忆合金驱动阀门关闭,直到水温降到安全温度,阀门才重新打开。

3．生物医疗领域

Ni-Ti形状记忆合金具有优异的超弹性、较低的弹性模量、良好的生物相容性以及优异的耐腐蚀性能,被广泛用于人体植入、微创手术器械、牙齿矫正、脊柱矫形以及心血管支架等生物医疗领域。

通常牙齿矫形采用不锈钢丝或CoCr合金丝制作,但这些合金材料具有高弹性模量高和低弹性应变的缺点。Ni-Ti超弹性形状记忆合金非常适合制作牙齿矫正丝,因为Ni-Ti超弹性合金即使应变量高达10%也不会产生塑性变形,而且应力诱发马氏体相变使合金的弹性模量呈非线性(应变增大时矫正力波动很少),从而使得矫正效果好且操作简单,也能显著减轻患者的不适感。图9所示为由超弹性记忆合金丝制作的牙齿矫正器。

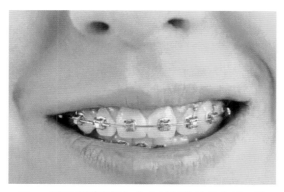

图9　采用超弹性记忆合金丝制作的牙齿矫正器

脊柱侧弯往往需要进行外科手术矫形,这种手术经常采用不锈钢制作的矫形棒。由于不锈钢矫形棒安放后的矫正力会随时间慢慢降低,后续过程中需要重新通过手术调整矫正力,从而给患者在肉体和精神上造成痛苦。由形状记忆合金制作的矫形棒只需要进行一次性安放固定,之后无需再次通过手术调整矫正力。如果矫形棒的矫正力有变化,可通过体外加热将温度升高至比体温高约5℃,就能恢复足够的矫正力。记忆合金也常用来制作接骨板,通过记忆合金的回复力可把断裂骨固定,同时记忆合金接骨板在恢复初始形状时产生的压力有利于断骨愈合。图10为Ni-Ti形状记忆合金制作的接骨板照片。

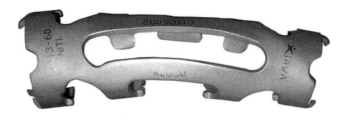

图10　采用Ni-Ti形状记忆合金制作的接骨板

说到形状记忆合金在生物医疗领域的重要应用,不得不提采用Ni-Ti形状记忆合金制作的多种先进医疗器械。除了前面提到的牙齿和骨科矫正器之外,Ni-Ti形状记忆合金的形状记忆和超弹性广泛用于微创介入治疗的手术器械,如血管支架、凝血过滤器、人工心脏瓣膜、血栓取出装置、封堵器固定盘、支撑网、导丝及其他微创手续器械。图11所示为血管支架及其导入示意图。

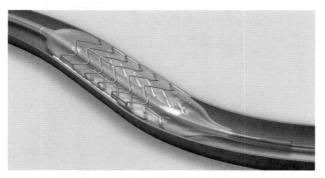

图11 血管支架及其导入示意图

众所周知,大量的心血管疾病由多种因素导致的心血管狭窄引起,微创手术是治疗血管狭窄的直接且有效的医疗手段。和传统手术相比,微创手术的主要优势在于手术切口小、术后恢复时间短、病人痛苦大幅减缓,且对人体结构、功能和环境平衡影响相对较小。但是,微创手术对医生和手术器械水平提出了更高的要求。例如早期由普通金属制作的血管支架不易平滑地进入导管,在血管内也难以扩张到原来的形状,容易导致手术并发症。由于 Ni-Ti 形状记忆合金具有超弹性和大回复应变,Ni-Ti 记忆合金支架的出现有效克服了上述缺点。除了血管支架外,形状记忆合金还用来制作多种人体内腔支架,如食道支架、呼吸道支架、胆道及尿道支架等,都收到了良好的治疗效果。图12给出了采用 Ni-Ti 记忆合金制作的人体血管支架、内腔支架和手术器械。

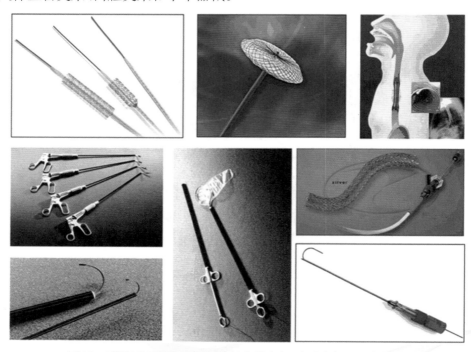

图12 采用Ni-Ti记忆合金制作的血管支架、内腔支架及手术器械

展　望

　　作为智能材料家族的重要成员,形状记忆合金(尤其是Ni-Ti合金)自从20世纪被发现开始,一直密切融入航空航天、机械电子和生物医疗等高科技领域,并在许多重要场合扮演关键角色。高技术领域的快速发展对形状记忆合金不断提出新的要求,传统形状记忆合金的高性能化以及新型记忆合金的研发,已经成为智能材料领域的重要发展方向。随着记忆合金材料成本的不断下降和制备技术的逐渐成熟,形状记忆合金及其产品有望拓展到更多的工业领域,并走进千家万户。

高聚物自修复材料
——不怕受伤的智能材料

张　晟　冯俊峰*

美国漫威漫画公司塑造了很多经典的荧幕超级英雄形象,其中"X战警"系列电影中的金刚狼一角以其生动的人物形象,以及特殊的超能力被评为漫威系列电影中具有较高人气的超级英雄。他的超能力主要来源于艾德曼金属骨骼和自愈力。其中自愈力是由于产生了基因突变,其突变基因名为"自愈因子",这也是他能够承受艾德曼金属骨骼置换的原因。超强的自愈力让他几乎可以成为不死之身,快速修复身体的损伤不在话下,处于最强状态下的金刚狼甚至可以抵挡核弹的袭击。我们惊叹于超级英雄的通天本领,但是说到自愈力,那可不是我们人人都有的"超能力"吗?比如人体骨折后,通过组织的应激反应,骨折区域血管生成,骨痂生成以及最后成骨细胞分裂,形成新的骨骼,最终修复骨损伤。但是相对于超级英雄的瞬间恢复,人体的骨修复需耗时6~12周。自然界中的生物体经历了漫长岁月的进化,不仅能够感受外界环境发生的变化,并且能够对其做出调节和反馈。当生物体受到外界的损伤后,能够自发地以通过向损伤处提供能量和物质的方式使伤口愈合。在生物机体中,小到 DNA 的诊断与损伤修复,大到软组织、骨骼伤口的愈合都存在着自修复的现象。这种自修复能力对于生物体在应对不同环境,保持机能长期健康的运转至关重要。

从生物体到材料的自修复

随着现代科技的进步以及社会的发展,材料已经在人们的日常生活中起着举足轻重的作用,人们对先进智能材料的要求也变得越来越高。传统方法构筑的材料在实际应用的过程中,因其长期受到太阳光、热、外力和其他化学物质等的影响

---

*　张晟、冯俊峰,四川大学。

而不可避免地会对其造成微裂纹、破坏或者创伤。微裂纹的产生可能导致材料内部损伤的进一步扩大，如果没有得到及时修复，可能导致材料大面积的破损，降低材料的使用寿命和使用安全性。如果材料也能够像生物体一样，拥有自修复的能力，那将会对人类的生产、生活带来革命性的进步。

早在1978年，R. P. Wool等人就首次开展了关于具有自愈合功能的聚合物的研究。到1981年，Jud团队正式提出了自修复材料这一概念，这是通过将材料早期出现的微裂纹进行及时修复以延长其使用寿命的新方法。自修复材料作为新兴智能材料的一种，是受到生物体修复自身损伤启发，可以对其内部形成的损伤进行修复的材料，它们具备了类似生物体的自监控、自修复和自适应性能。在自愈合材料飞速发展的这几十年间，S. R. White、F. Wudl和L. Leibler等研究团队在构筑智能自修复材料方面做出了巨大的贡献，为自修复材料的发展奠定了坚实的基础，并推动了自修复材料的进一步发展和繁荣。

赋予材料自修复功能的方法

赋予材料自修复功能的方法主要有两类，包括外源型和本征型。外源型自修复借鉴了自然界动物修复伤口的原理。如图1所示，将含有修复剂的微胶囊包埋到材料中，在材料受到外力作用产生微裂纹后，随着裂纹的扩大，导致微胶囊破裂并释放出修复剂，修复剂通过与材料内部催化剂接触发生聚合，实现对材料缺陷的修复。[1]这种方法很像我们人类皮肤受伤后，血液涌出、然后凝固的过程。采用这种仿生方法得到的材料能够自动而且有效地修复微裂纹，防止材料缺陷进一步扩大。但遗憾的是，微胶囊里的修复剂一旦因破裂而被释放出来，就无法再次使用了。因此，这类材料很难做到伤口的多次修复。

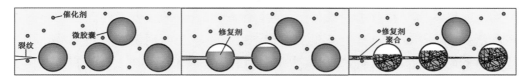

图1　外源型微胶囊自修复材料修复过程示意图[1]

那么，怎样才能多次修复受损部位呢？

微脉管网络修复。受到生物体丰富血管组织的启发，人们在材料内部构建了微脉管网络装载修复试剂（图2）。由于这种微脉管结构能够存储大量的化学修复剂，并且如同生物体血管一样，修复剂能够在微脉管内部流动。与微胶囊自修复类似，材料受损会导致脉管破裂并释放出修复剂，从而实现材料修复。但不同的是，脉管相互连通并且储存的修复剂量大，因此可实现多次修复。早期的微脉管网络制备方法非常复杂,但随着技术的发展,人们逐渐采用静电纺丝、溶液吹制等方式制备核壳结构的纤维装载修复试剂,一定程度上简化了制备工艺。当然,值得指出的是,尽管脉管或纤维的方法能在材料内部引入更多的修复剂以备使用,但伴随着修复剂的消耗,材料多次修复后也会逐渐失去其自修复性能。

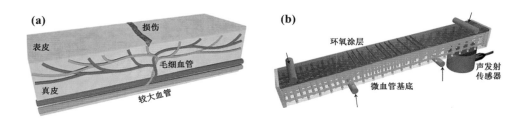

图2　外源型脉管或纤维自修复材料示意图[2]

本征型自修复材料。为了解决多次修复次数的问题,发展出了本征型自修复材料。这类材料依靠自身的理化性质就能够自修复,不需要提前加入修复剂。本征型自修复材料的构筑需要满足两个条件:第一是材料的分子链具有可运动性,在断面处的分子链段可以相互靠近从而进一步穿插缠结;第二是存在可以重建的可逆作用力,使得材料在接触后能够恢复其理化性能。由此我们可以看出本征型自修复材料有其独特的优点,包括修复次数没有限制,并且一般可以循环利用。其修复的策略不同于外源型修复材料的消耗作战,内部的可逆作用力可以不断形成。

设计构筑本征型自愈合材料主要是赋予材料可逆动态作用力,包括动态共价键和超分子相互作用力。

动态共价键是指一类可以响应外界刺激(光、热、力、pH)可逆的断裂和重新形成的化学键。当材料产生裂纹,甚至发生断裂时,可以通过外界的刺激让断面之间重新生成化学键。这些重新生成的化学键自然就把断面两端重新连接到了一起。图3罗列出近年来自修复材料中常采用的动态共价键种类。通过将这些化学键引入高分子材料的结构中,就可以让材料在被损伤时,依靠外界刺激被修复。

由于动态化学键可以反复断裂和重新形成,所以即使反复被损伤,也可多次修复。但是,由于动态共价键一般只有在特定条件或刺激下才展现出可逆性,所以这类材料往往不能像外源修复材料一样可以自发修复损伤,而需要在特定的刺激下才可以完成修复。

值得一提的是,传统的交联聚合物,如橡胶和热固塑料都因为不能熔融而无法再次加工利用,不仅造成巨大的浪费,更带来了严重的环境污染问题。但当人们在传统的交联聚合物中引入热响应的可逆共价键作为交联点时,材料不仅具备了可修复性能,还改变了传统型交联聚合物不能熔融的特性,可以通过加热重新塑形加工,使橡胶和热固塑料的回收利用成为可能。例如,国内高分子界的科学家在经典的硫化氯丁橡胶中混入氯化铜,由于氯化铜能催化体系中的二硫键发生可逆交换,原本无法回收利用的氯丁橡胶可以在60 ℃下被重新塑形加工了。[4]

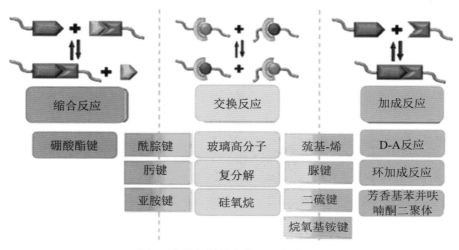

图3　本征型自修复材料中常采用的动态共价键[3]

超分子相互作用力是指分子间的非化学键力,如主客体相互作用,疏水相互作用,氢键、离子键、金属配位键等。这一类非共价键相互作用键能比较低,断裂重组所需的活化能也较低,因此容易自发地形成实现自修复。比如Leibler课题组2008年首次报道了一种由氢键交联的弹性体材料。[2]该材料具有与天然橡胶类似的弹性,但与橡胶不同的是,体系中大量氢键的存在使材料被切断后,断面在常温下即可被"黏合"在一起,且黏合修复的弹性体依然保持良好的力学性能,还可被拉长数倍(图4)。此后,其他各种超分子作用力也相继被引入材料中作为自修复的驱动力,形成性能各异的本征型自修复材料。由于超分子作用力往往对环境刺激较为敏感,所以以超分子作用力作为自修复驱动力还往往可以使材料具有特定环境(如光、pH、电等)自修复的能力。

虽然超分子作用力因其键能较低导致材料容易在室温条件下自主修复,但较低的能量往往也造成这类材料力学强度偏低。

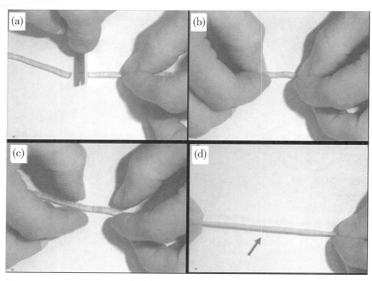

图4 超分子弹性体的自修复行为[5]

功能性高分子材料的两种自修复途径

自修复材料在研究初期一般为结构材料的自修复，也就是主要关注材料力学性能以及表观形貌在损伤后的修复情况，对功能材料的自修复研究相对较少。然而，具有特定光、电、磁、生化等功能的材料在使用过程中一样存在损伤的问题。而且结构上的裂纹或损伤往往会导致材料功能的严重劣化。例如，导电材料的断裂和损伤会导致整个电子元器件产生故障，无法工作。但是，使材料在具备自修复性的同时兼顾功能性，设计与合成的难度都大大增加了。

目前，制备自修复的功能材料常采用两种手段。第一种设计思路为：制备自身具有功能性的高聚物基体，再向其中加入外源型的修复剂。采用这种设计思路成功制备了自修复防腐涂层。防腐有机涂层主要由聚合物材料组成，可以通过化学键合、机械作用等黏附到需要防腐处理的材料表面，形成一道隔绝致腐因子的物理屏障，从而起到防腐的作用。但是在实际生产生活中，这类防腐涂层因为环境以及机械损伤的原因容易形成裂纹，导致腐蚀性介质的入侵，进一步导致基底金属的破坏。将自修复功能引入防腐涂层中，不仅能够提高涂层的使用寿命，同时也提高了金属材料的抗腐蚀性和安全性。如聚电解质是一类对诸多金属，如铝、铜、银、锌、镁等具有良好防腐作用的功能材料。将外援型的抑制修复剂存贮在聚电解质层涂膜中，当涂膜破损引发胶囊破裂后，抑制剂被放出与金属反应，形成新的隔层，起到防腐膜自修复的作用。但是这类自修复机制也受到修复次数的制约,在缓蚀剂释放完成后,留下的微胶囊反而会给腐蚀物质提供通道导致涂层丧失功能性。[6]所以,这类材料在设计与制备时需要重点考虑避免微胶囊等外源修复体系对功能材料整体的性能劣化。

将各种具备不同功能的纳米粒子掺杂至高分子材料中,是赋予普通高分子材料功能性的一个简单而有效的途径。于是,第二种自修复功能材料的设计思路就是:制备一个本征自修复的聚合物基材,然后在其中添加具备功能性的纳米粒子,使材料兼具可修复性和功能性。许多自修复导电材料均采用这种设计思路进行材料的制备。例如,鲍哲南教授课题组报道了一种银纳米线–聚合物导电自修复材料。首先,利用动态环硼氧件交联制备自修复聚合物,然后通过真空过滤在聚合物基底表面覆盖一层银纳米线。银纳米线赋予材料优秀的导电性能,在材料损伤后,基底聚合物的自修复会带动银纳米层同时修复,材料重新恢复其导电性能。[7]这类自修复功能材料具备本征自修复材料的多次修复性,但需要采取有效措施保证聚合物基材与功能粒子之间的相容性问题。

那么,有没有一种方法,既能解决高分子基材与功能纳米粒子的相容性问题,又无需通过复杂的分子设计与合成,就能让普通高分子基材/纳米粒子的体系表现出自修复性能呢?本文作者的团队提出了一种新思路——利用纳米粒子作为超分子交联剂。具体来说就是对功能性的纳米粒子进行表面改性,使之表面通过超分子作用力组装结合多个含有双键的小分子;然后把这种改性后的功能粒子当作超分子交联剂参与到普通高分子的聚合反应中。于是,在所得的材料中,功能纳米粒子赋予材料特种功能性,原本的高分子基材保证材料整体的机械性能,两者之间的超分子作用力不仅可以使基材与纳米粒子完美结合,更成为整体复合材料的修复驱动力。如图5所示,碳纳米管表面可以通过简单的自组装方法,利用主客体相互作用力连接上许多双键基团。将这种超分子碳纳米管作为交联剂参与经典聚丙烯酸酯弹性体的聚合。碳纳米管赋予了材料良好的导电性能,聚丙烯酸酯弹性体保证复合材料整体具备良好的弹性,而连接两者的主客体相互作用力则可使材料即使在断裂后,也能在室温下重新被连接到一起,恢复导电性能和机械性能。

采用这种方法不仅可以制备出具有自修复性能的导电材料,还可以推而广之,制备出其他功能各异的自修复材料。例如,将电磁波吸收剂四氧化三铁(Fe_3O_4)粒子通过超分子作用力与经典的聚丙烯酸酯涂料复合在一起时,就可以得到具备电磁屏蔽作用的自修复涂料。[9]Fe_3O_4纳米颗粒的引入,赋予材料优秀的电磁波吸收功能,同时,粒子和聚合物基质间的主客体相互作用力又使涂层受损后,可以借助少量水完全愈合。同时,涂层的电磁吸收能力与自愈过程一起恢复。电磁辐射是人们生活中的一个重大污染源。电磁屏蔽涂料可通过对电磁辐射进行吸收的过程对电磁波进行传播和扩散的阻挠,以减少电磁波的危害。但在实际应用中,涂料发生剐蹭后的机械损伤往往导致其电磁干扰屏蔽能力的严重降低。自修复电磁屏蔽涂料的出现,为电磁屏蔽涂料的免维护长效使用提供了可能,在未来民用以及军用领域均有很高的应用潜力。再例如,将紫外光吸收剂 CO_2 粒子通过超分子作用力与经典的聚丙烯酸酯涂料复合在一起时,则可得到具备紫外光屏蔽作用的自修复涂料。[10]这类材料可高效屏蔽紫外光线,保护涂料下的基底材料不发生光老化现象。同时也可自修复发生剐蹭后的机械损伤,使材料不会因为损伤发生紫外屏蔽性能的劣化。

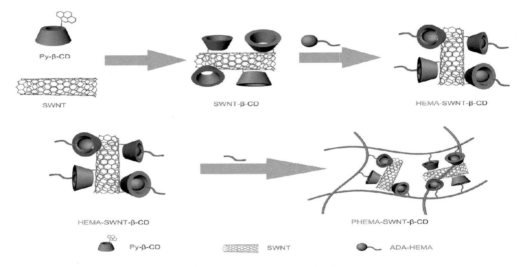

图5 自修复导电弹性体的设计制备过程示意图[8]

功能性(高聚物)材料的种类众多,被广泛应用于各个领域。赋予功能材料自修复性能的研究方兴未艾,目前已发展的自修复功能材料还包括形状记忆自修复材料、半导体自修复材料、导电聚合物自修复膜材料、抗生物黏附自修复材料、质子传导自修复膜材料、力致变色自修复材料、具有传感性能的自修复材料等。随着自修复材料设计构造技术的不断成熟,现有的关于自修复材料的科研成果不断增,加不断有自修复材料从实验室走向生产生活应用的例子。在一些高精尖端行业,比如航空航天、智能器械、国防军工等,自修复材料崭露头角,相信在未来的智能生活中,我们会经常看到自修复材料的身影。

参 考 文 献

[1] White S R，Sottos N R，Geubelle P H，et al. Autonomic Healing of Polymer Composites[J]. Nature 2001，409：794-797.

[2] Toohey K S，Scottos N R，Lewis A A，et al. Self-healing Materials with Microvascular[J]. Nature Materials，2007，6：581-585.

[3] Dahlke J，Zechel S，Hager M D，et al. How to Design a Self-healing Polymer: General Concepts of Dynamic Covalent Bonds and Their Application for Intrinsic Healable Materials[J]. Advanced Materials interfaces 2018，5：1800051.

[4] Xiang H P，Qian H J，Lu Z Y，et al. Crack Healing and Reclaiming of Vulcanized Rubber by Triggering the Rearrangement of Inherent Sulfur Crosslinked Networks[J]. Green Chemistry，2015，17：4315-4325.

[5] Cordier P，Tournilhac F，Ziakovic C S，et al. Self-healing and Thermoreversible Rubber from Supramolecular Assembly[J]. Nature，2008，451：977-980.

[6] Kumar A，Stephenson L D，Murray J N. Self-healing Coating for Stell[J]. Progress Organic Coat，2006，55：244-248.

[7] Sun Y M，Lopez J，Lee H W，et al. A Stetchablegraphitic Carbon/Si Anode Enabled by Conformal Coating of a Self-healing Elastic Polymer[J]. Advanced Materials，2016，28：2455-2461.

[8] Guo K，Zhang D L，Zhang X M，et al. Conductive Elastomers with Autonomic Self-healing Properties [J]. Angew. Chem. Int. Ed.，2015，54：12127-12133.

[9] Wang Y M，Pan M，Liang X Y，et al. Electromagnetic Wave Absorption Coating Material with Self-healing Properties[J]. Macromolecular Rapid Communication，2017，38：1700447.

[10] Liang X Y，Wang L，Wang Y M，et al. UV-Blocking Coating with Self-Healing Capacity[J]. Macromolecular Chemistry and Physics，2017，218：1700213.

功能梯度材料
——"1+1＞2"的奇妙组合

孙　一　王传彬　沈　强　张联盟[*]

"梯度"一般用来描述参变量沿某一方向的逐渐变化。近些年来,作为一种材料设计思想,被人们应用于新型复合材料的研制,即通过控制复合材料构成要素(组分、结构等)从一侧到另一侧连续或准连续变化(图1),实现材料功能特性的相应渐变,这样的一类非均质复合材料称为"功能梯度材料"(Functionally Graded Materials,FGM)。FGM 的优势在于其构成要素的"梯度"变化形式具有很强的可设计性,可以缓解甚至克服传统复合材料因构成要素之间物性不匹配而导致的种种问题,充分发挥各构成要素的性能优势,从而产生"1+1＞2"的奇妙效果。

连续梯度结构　　　　　　　多层(准连续)梯度结构

图1　两种典型梯度结构的示意图

梯度复合思想——源于自然,功能强大

"千磨万击还坚劲,任尔东西南北风。"竹子作为一种兼具观赏性和实用价值的植物,代表了坚韧刚正、自强不息的精神气节,从古至今备受文人志士的青睐。那么你有没有想过,为什么竹子那么纤细修长却又屹立不倒呢?实际上,这与竹子独特的内部结构密切相关:竹子中空外直,竹壁中布满了用于传导养分、兼具支

---

*　孙一、王传彬、沈强、张联盟,武汉理工大学。

撑作用的维管束,维管束的分布密度由内向外逐渐增大,呈现显著的"梯度变化"(图2(a))。如果将竹壁划分成9层,分别测定各层的拉伸强度、弹性模量等力学参量,可以看到竹壁各层的力学性能呈现出与内部结构相对应的"梯度变化"(图2(b))。正是这种梯度结构赋予了竹子兼具高强度与高韧性的特点,并且维管束分布密度的梯度变化能够以最少材料、最大限度地发挥维管束的增强增韧作用。

除此之外,自然界中还有许多天然的功能梯度材料,如贝壳、树木、骨骼和牙齿等,其内部组织或结构也存在"梯度变化",与之相伴的功能特性也呈现出"梯度变化"。自然界中这种基于组分及结构渐变而获得的性能渐变或性能提升,对人们设计和构造新的复合材料——功能梯度材料,有着直接的启示。

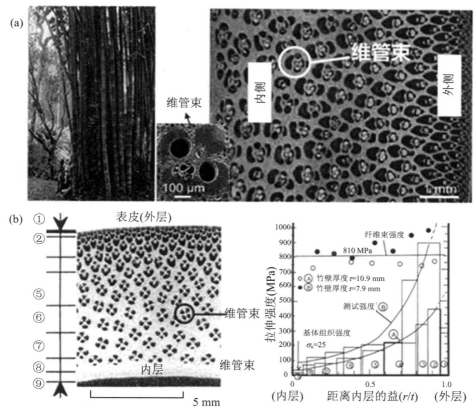

图2　(a)竹壁的断面结构;(b)竹壁拉伸强度沿厚度方向的分布

"梯度"思想的运用由来已久,早在春秋时期文物中便有其踪迹。1965年,出土于湖北江陵望山的越王勾践剑,是春秋末期越国青铜器,为国家一级文物,历经两千多年而不锈,且锋利无比,被誉为"天下第一剑"(图3(a))。北京科教电影制片厂拍摄的纪录片《古剑》中,就展示了考古学家谭维四用该剑一次划破了26张纸的画面。越王勾践剑历经千年不腐、仍旧锋利的秘密就在于其剑身的特殊"梯度"

构造。如图3(b)、(c)所示,剑身的不同部位被检测出含有不同配比的金属材料:剑脊,是含锡量较低的铜合金,韧性强,不易折断;剑刃,是含锡量较高的铜合金,硬度大,更为锋利。这说明"梯度化"思想早在古人制作冷兵器时就已经被采用。

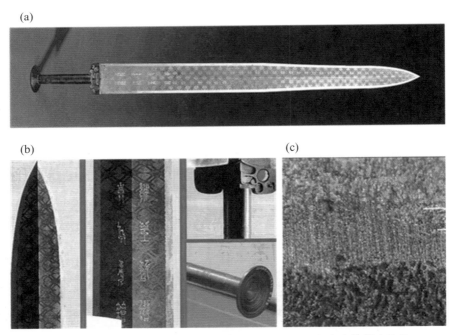

图3　(a) 历经数千年仍光亮锋利的越王勾践剑;(b)、(c) 剑身中的梯度结构

1984年前后,日本学者平井敏雄、新野正之、渡边龙三等率先提出了功能梯度材料的正式概念,旨在解决新一代航天飞机热保护系统中出现的问题。当时美国的空天飞机计划(National Aero-Space Plane Project, NASP)要求新一代航天飞机能够载人往返于地球与宇宙空间,并且能够反复使用。与之相关的技术难点有很多,其中一项是航天飞机的机体和推进系统使用的超耐热、抗氧化材料。理论计算表明,当航天飞机以超过8 Ma的速度在27000 m的高空飞行时,机体表面与空气摩擦产生的气动高温在2000 K以上(图4(a)),并且不允许传入机内工作室。同时,冲压式发动机燃烧室内壁暴露在极高温度的燃烧气体下,热流速达到5 MW/m²,在空气吸入口甚至高达50 MW/m²,必须靠液态燃料进行强制冷却。

极高温度和极大温差的严酷环境,对使用材料的耐热性能、隔热性能和耐久性能提出了极其苛刻的要求,而传统陶瓷材料、耐热金属以及传统复合材料都不行。因此,迫切需要一种能够同时满足上述要求的新材料,即材料的一侧能承受2000 K以上的超高温和氧化环境负荷,而另一侧有足够的强度并能承受极低温流体(作为燃料的液氢、液氧等)的冷却,材料整体还必须能承受近1000 K温差所产生的巨大热应力。功能梯度材料正是为了适应这种严酷环境而提出来的,即对于像航天飞机的机体外壳和燃烧室内壁材料,在接触高温的一侧使用陶瓷材料,以提高其耐热、隔热和高温抗氧化性能;而在液体燃料冷却的另一侧,使用金属材料给予其高热传导性能和足够的力学强度;陶瓷与金属之间则采用组成成分、显微结构、物化性能逐渐变化的"梯度结构"过渡层,从而得到具有热应力缓和特性的功能梯度材料(图4(b))。

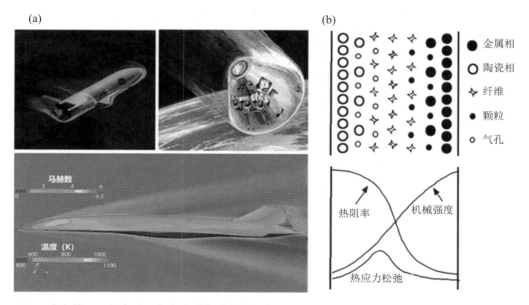

图4 (a) 航天飞机高速飞行产生的气动加热示意图;(b) 热应力缓和型梯度材料的概念示意图

1987年,我国的科学家从分子水平复合角度提出了梯度材料的思想和原理,国内许多高校、科研院所相继开始梯度材料研究,并取得了各具特色、卓有成效的进展。

经过数十年的发展,"梯度化"作为一种新颖的材料设计思想与结构控制方法,已从最初的热应力缓和扩展到更多技术应用领域,如宽温域热电转换功能梯度材料、生物活性功能梯度材料、光学透过功能梯度材料、变阻抗功能梯度材料以及电学、磁学功能梯度材料等;梯度材料构成体系由最初的金属–陶瓷扩展到金属–金属、陶瓷–陶瓷、聚合物–聚合物、金属–聚合物、陶瓷–聚合物等多种物相的组合;组分、结构等构成要素也不断精细化、纳微化(图5),形式包括连续变化、多层(准连续)变化以及连接界面变化等"梯度变化"。

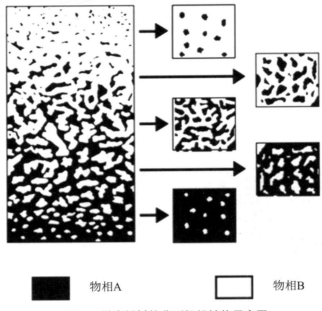

物相A　　　　　　　物相B

图5　梯度材料的典型组织结构示意图

梯度复合技术——化普通为神奇的魔法

目前,功能梯度材料的研究主要集中在三方面:一是梯度材料的设计,即以性能与应用目的为导向,通过构成要素的梯度化设计来满足应用环境要求、提升已有材料性能、发现新功能或寻求潜在应用;二是依据设计物系和材料几何尺寸,改进制备技术或开发梯度复合新技术;三是进行梯度材料的特性评价与应用,并将结果反馈到设计与制备中以进一步优化,最终获得满足性能要求与应用目的的功能梯度材料(图6)。其中,梯度复合技术是实现设计结果的核心,其发展水平也是梯度材料功能特性发挥和苛刻环境应用的关键。

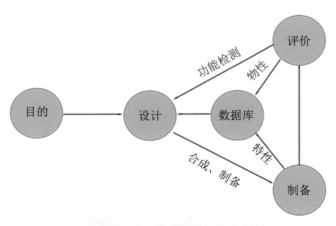

图6　功能梯度材料的研究内容

目前,已发展了多种梯度复合技术,表1所示的是按原料的物相状态(气相、固相、液相)和制备过程反应性质(物理、化学)进行的分类。下面着重介绍几种常用的、有特色的梯度材料制备技术。

表1　主要的梯度复合技术

物相状态	反应性质	制备方法
气相	物理	物理气相沉积(PVD)、等离子喷涂、分子束外延(MBE)、离子注入
	化学	化学气相沉积(CVD)
液相	物理	熔射法、共晶反应、溶液凝固法、梯度铸造
	化学	电化学法、氧化-还原反应
固相	物理	物理发泡、颗粒共沉降、多层平面焊接、粉末冶金、3D打印、部分结晶化法
	化学	热分解法、自蔓延燃烧法(SHS)、化学发泡

1. 气相沉积法制备梯度涂层材料

气相沉积是利用具有活性的气态物质在基体表面沉积成膜的技术,通过改变沉积气相组分比例,使得沉积涂层的组分在厚度方向上呈梯度变化而得到梯度涂层材料。此方法的特点是直接利用较为成熟的技术及设备,材料结构可控性较好。

气相沉积法一般分为物理气相沉积法和化学气相沉积法。

物理气相沉积法。物理气相沉积(Physical Vapor Deposition, PVD)技术:在真空条件下,采用物理方法,将材料源(固体或液体)表面熔蚀、溅射或蒸发成气态物质,与沉积室腔体中的气体分子作用形成由离子、中性原子、电子、原子团簇、宏观粒子等构成的等离子体羽辉,随后在基体表面沉积成涂层。

与化学气相沉积相比,PVD工艺处理温度低,在600 ℃以下时对基体热影响小,故可作为最后工序处理成品件。但PVD的沉积速率较低,且难以在复杂形状表面沉积涂层,故一般与化学法联用。日本金属材料技术研究所采用空心阴极放电离子镀PVD法制备了Ti-TiN、Ti-TiC、Cr-CrC系涂层,这些金属碳氮化物涂层具有较高的表面硬度、与基体结合力强、耐磨性能优良等优点。通过Ti、Cr、Si、TiC、SiC梯度层和过渡层等进行多层复合调制,在Fe基板上制备出Cr-CrC梯度涂层(图7),可以提高涂层与基体结合的强度,降低涂层的内应力,增强耐高温性能等,被广泛用作工件的表面防护涂层,显著提高了工件的表面服役性能。

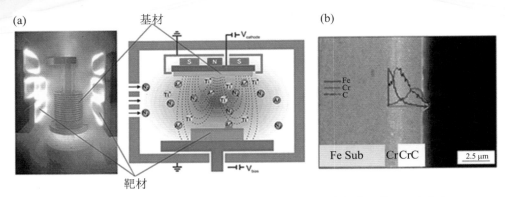

图7 （a）磁控溅射PVD设备内部示意图与原理图；（b）涂层截面元素分布

化学气相沉积法。 化学气相沉积（Chemical Vapor Deposition, CVD）是利用混合气体（金属、类金属的卤化物气体）与基体表面相互作用，使混合气体在基体表面进行化学反应生成涂层的方法（图8）。CVD法可以在形状复杂的零件表面制备出梯度涂层，其结构控制精度逊于PVD法，但沉积层表面光滑致密、沉积率较高且沉积速度快，较PVD法快十余倍，能得到更厚的梯度功能涂层（毫米级）。CVD法按照反应物激发能源的不同，可分为热化学气相沉积、等离子体化学气相沉积、激光化学气相沉积等；按照金属源前驱体的种类不同，可分为金属卤化物化学气相沉积和金属有机物化学气相沉积等；按照反应体系的压力大小，可以分为低压、常压和超高真空化学气相沉积等。

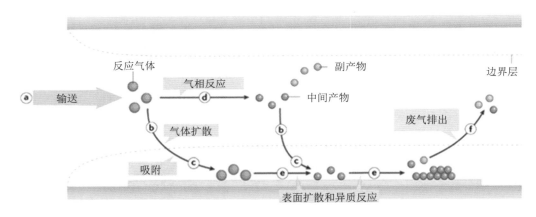

图8 CVD工艺原理示意图

图9（a）为微波等离子体CVD法制备TiN涂层原理图，利用输入到腔体的微波将原料（Ti的有机前驱体与N_2）气体激发成等离子体态，从而达到将气体原料分解的目的。通过光效应和热效应的共同作用，在基板表面生成如图9（b）所示的TiN梯度涂层。

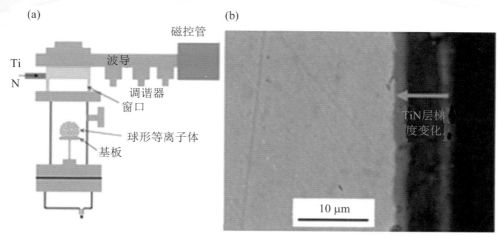

图9 （a）微波等离子体CVD法制备TiN涂层原理图;(b)TiN梯度涂层截面显微结构

CVD法具有如下显著特点:反应温度低,可在不同种类基体上实现沉积;涂层纯度高,均一性好;涂层孔隙率低,与基体结合强度高;成膜速度快,可在较短的时间内实现金属涂层的表面陶瓷化,获得满足服役要求的高性能陶瓷涂层。目前利用化学沉积技术制备的金属钨、钨/碳化钨复合涂层具有较高的熔点、强度以及良好的高温力学性能,可应用于高温防护领域,为装备关键部件和关键材料提供重要的热防护。

近年来,PVD和CVD技术已广泛应用于航空航天、汽车、化工、能源和生物工程等领域制备功能梯度涂层,同时不断与其他表面涂层技术相结合,开发出了一些改进型表面涂层技术制备梯度涂层,如电子束物理气相沉积法(EB-PVD)、离子束增强物理气相沉积法(IBEB)、燃烧化学气相沉积法(CCVD)、物理化学沉积法(PCVD)、反应溅射及阴极磁控溅射等。随着CVD和PVD沉积技术的发展,其在梯度涂层材料合成制备以及零部件表面性能改善等方面的应用将不断拓展,前景十分广阔。

2. 等离子喷涂法制备梯度涂层材料

等离子喷涂法(Plasma Spraying, PS)始于20世纪50年代末期,经过多年的发展,已成为制备梯度涂层材料最常用的技术方法之一。如图10(a)所示,等离子喷涂法的基本原理是:使用粉末作喷涂原料,通过载体气体将粉末送入等离子射流中,依靠等离子弧将粉末熔化,熔融的粒子被进一步加速,然后以极高的速度打在经过净化和粗化处理的基材表面,产生强烈的塑性变形,相互挤嵌、填塞,形成扁平的层状结构涂层。通过控制两种或两种以上原料粉末的送料速率可以实现成分的梯度变化。该方法适合于几何形状复杂的器件表面梯度涂覆,并且沉积速率高,不受基材截面积大小的限制。

等离子喷涂法因其可获得超高温、超高速的热源,能同时熔化陶瓷难熔相和金属相混合物,适合于制备陶瓷/金属体系梯度涂层。目前应用较多的方法包括双枪喷射法和单枪喷射法。双枪式等离子喷涂装置如图10(b)所示,其中一只喷枪喷射金属粉末,如Ni、Mo等;另一只喷枪喷射陶瓷粉末,如TiC、ZrO_2等。两只喷枪与基板有一定距离,并成一定角度。作业时,依据设计的成分含量,一只喷射量逐渐减少,另一只则逐渐增大,这样在基板上就可形成金属/陶瓷组成变化的梯度结构涂层。梯度涂层的特性取决于等离子射流的温度分布、粉末停留时间和熔滴的速度等,可通过调节喷枪结构、喷射电流、喷射压力、等离子气体种类及喷射热等进行控制。目前利用该方法制备了多个体系的梯度薄膜,如PSZ/NiCrAlY梯度涂层,其微观结构如图10(c)所示,PSZ、NiCrAlY的含量沿材料的厚度方向逐渐变化。

等离子喷涂法可方便地控制粉末成分的组成,且沉积效率高,能较容易地获得大面积的块材,但制备得到的材料容易存在孔隙率较大、层间结合力小、涂层组织不均匀等问题。随着研究的深入,等离子喷涂法被不断地改进,在FGM的制备中会发挥越来越重要的作用。

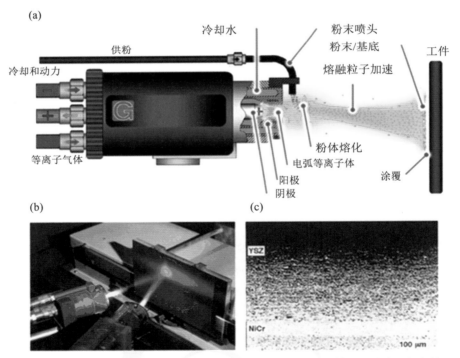

图10　(a) 等离子喷涂法原理图;(b) 双枪式等离子喷涂设备;(c) 等离子喷涂法制备的PSZ/NiCrAlY梯度涂层材料的微观结构

3.电化学法制备梯度涂层材料

电化学法(Electrochemical Method,ECM)根据电解质溶液的特性和物质发生电化学反应的难易程度不同,利用电解作用和/或化学反应使溶液中不同的离子同时还原,并沉积在基体表面形成镀层。随着加工过程中电流密度和电解质浓度的变化,镀层的成分和结构会发生相应的变化。近年来,有关电镀、化学镀、电泳、电铸及复合镀技术用于材料表面改性的研究甚多,具备特殊磁、电、光、热特性及耐磨、高硬度的镀层相继出现,其中很多达到了工业化生产阶段。随着现代工业和科学技术的发展,电化学法在材料表面改性技术中的应用范围不断扩大,并已渗入FGM的制备领域。

图11是利用电镀法制备Pd-Co合金涂层的原理与结构,该方法能够获得较高硬度、较好耐磨性和耐蚀性的镀层,膜层的高电位促进了不锈钢的钝化能力,并且膜层的孔隙率极低,因此耐腐蚀性大大提高。采用电镀法可以在形状复杂的零件表面沉积梯度涂层,涂层的性质和成分分布与电镀液性质、电流密度及电镀液中的颗粒种类、颗粒尺寸、颗粒形状和颗粒数量等参数有关。合金电镀发展至今已有上百年的历史,通常可获得比电镀单一金属更优异的镀层,例如在致密性、硬度、强度、耐磨性、耐蚀性等方面,合金镀层均具有更优异的性能。据文献报道,采用该工艺已成功地制备了 Ni-W、Ni-PSZ、Al-Cr、Pd-Co 等多个体系的功能梯度涂层。

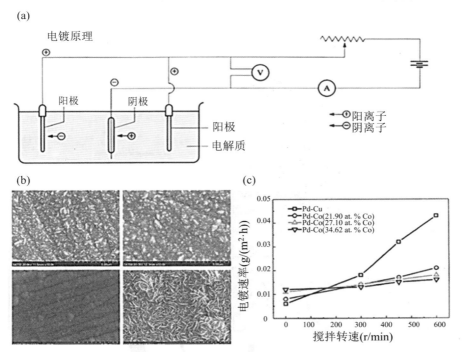

图11 (a)电镀法原理图;(b)不同电镀条件下的Pd-Co合金镀层形貌图;
(c)不同Pd-Co合金镀层的冲刷腐蚀速率

电镀速率的中文单位为"克每平方米每小时";搅拌转速的中文单位为"圈每分钟"

电化学法相对于其他表面处理技术具有较大的优势,国外采用电化学技术,通过优化制备工艺,已经制备出很多具有特殊性能的FGM,而国内采用电化学法制备FGM的研究仍处于起步阶段,与国外相比还有较大差距。如何将电化学法更好地应用到FGM的制备中并开发出新的FGM体系,是当今材料科学中一个非常重要的研究方向。

4.聚合物发泡法制备孔隙梯度材料

超临界流体发泡是一种聚合物物理发泡法,适用于制备微孔泡沫材料(泡孔直径小于$10\mu m$、泡孔密度高于10^8 cells/cm³)。超临界流体是指温度高于临界温度、压力高于临界压力的流体,其物理和化学性质介于液体和气体之间。环境友好型气体,如CO_2、N_2等惰性气体,常被选作超临界流体发泡技术的物理发泡剂。超临界流体发泡原理与制作爆米花类似(图12),都是温度与压力共同作用的结果。在高温高压的作用下,材料内部的气体挥发受阻,处于升温升压状态,如同憋足了气的气球,在经历快速泄压或泄热时产生气体不饱和状态,内部气体快速膨胀而发泡。超临界二氧化碳(SCCO₂)的发泡过程如图12所示:首先,在超临界状态下,CO_2在聚合物基体中扩散;然后,聚合物基体吸附CO_2至饱和后快速泄压发泡,形成以超临界介质为泡核的泡孔并逐渐长大;最后,聚合物基体在冰水混合物的作用下冷却固型,得到聚合物基微发泡材料。

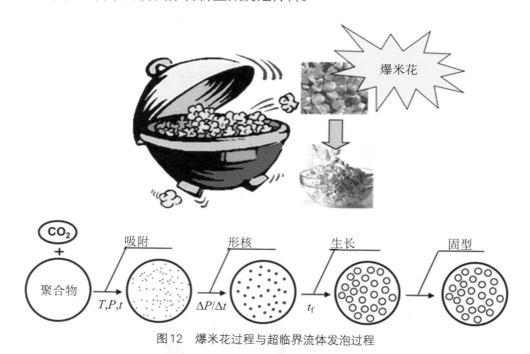

图12　爆米花过程与超临界流体发泡过程

该方法的关键技术在于:① 形成均相聚合物熔体/超临界流体体系;② 泡孔成

核;③泡孔长大、定型,此为生产微孔发泡材料的基础。在此基础之上,调控聚合物熔体/超临界流体体系形成不饱和状态,使超临界流体沿着聚合物熔体的厚度方向梯度扩散,从而形成微孔尺寸从上到下沿着厚度方向连续增大的梯度结构,如图13所示。

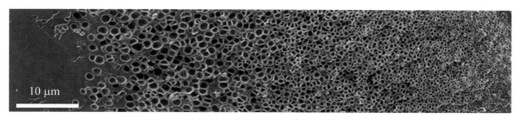

图13 超临界流体发泡制备的梯度微孔结构

超临界流体发泡技术作为典型的物理发泡法,因其无毒、化学稳定性高、无溶剂残留、使用安全、不污染环境、制备容易及超临界条件温和等特点,而被各大发泡材料制备公司青睐。目前,超临界流体发泡方法制备的微孔泡沫产品已投入商用,其中美国Trexel公司最具代表性。该公司将此技术注册为MuCell,与全世界几十家有名的材料加工设备公司合作开发挤出、注射和吹塑等发泡设备,已成功制备出多种绝缘泡沫板、泡沫管及相关产品,例如高密度聚乙烯(HDPE)微发泡管、聚氯乙烯(PVC)异性泡沫板、聚丙烯(PP)热成型板材等。

5. 颗粒共沉降法制备连续结构梯度材料

颗粒共沉降法是利用固体颗粒在悬浮液中的连续沉降这一现象来形成梯度材料的方法,它具有适用材料体系范围广、工艺控制较为简单、费用低廉和实验手段灵活等特点,在连续结构梯度材料制备方法中脱颖而出,越来越受到各国科研工作者的关注。

共沉降法制备梯度材料的过程如图14所示,其原理为:在同一条件下,同种粉末沉降时,颗粒度大的沉降快;不同种粉末共同沉降时,颗粒度大、密度大的沉降快,而密度低、粒径小的颗粒沉降速度慢。由于固体颗粒具有不同的沉降速度,因此它们在沉降容器底部开始堆积的时间不同。通过控制原料粉末的粒度分布和沉降过程中的工艺参数,就可以获得组分连续变化的梯度材料。

利用共沉降法制备梯度材料的一个典型例子就是Al-SiC-Cu连续梯度材料,选择适当粒度的Al、SiC、Cu作为原料,根据计算的原料粉末质量,在分散介质中配制悬浮液,将配制好的悬浮液经超声波处理加入装有清液的沉降设备中进行沉降,随后将沉降体在一定条件下进行烧结得到梯度材料。如图15所示,三种不同的物相形成了很好的梯度形貌,具有明显的连续梯度结构。

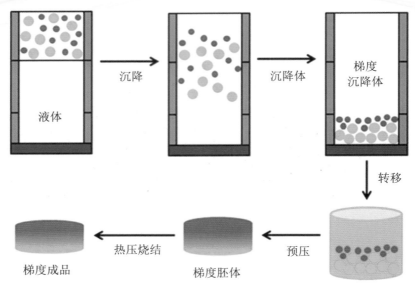

图14　颗粒共沉降法制备梯度材料的过程示意图

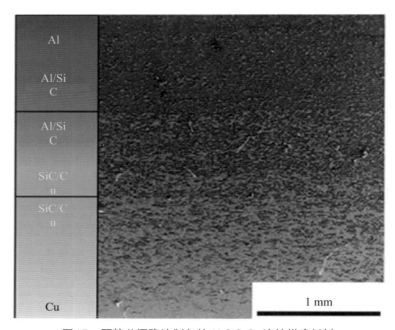

图15　颗粒共沉降法制备的Al-SiC-Cu连续梯度材料

6．超薄平面扩散焊接法制备叠层结构梯度材料

扩散焊接是在一定温度和压力下使待焊表面相互接触,通过微观塑性变形或待焊表面产生的微量液相而扩大待焊面的物理接触,然后经较长时间的原子相互扩散来实现冶金结合的一种焊接方法。热压烧结和放电等离子烧结作为典型的扩散焊接工艺,特别适合异种金属材料、耐热合金、金属间化合物、复合材料等新

材料的结合,尤其是对于熔焊方法难以焊接的材料,扩散焊接具有明显的优势,可用于制备功能梯度材料。焊接接头的结构和性能由材料特性和焊接工艺决定,通过调节焊接温度、焊接压力、焊接时间等焊接参数以及其他改性工艺进行控制。

　　扩散焊接接头的形成一般划分为三个阶段:① 物理接触的形成。该阶段主要过程为母材表面氧化膜的去除和实际接触的形成。焊接母材表面状态对焊接接头结构和性能有较大影响,母材表面接触不充分和氧化物层的阻隔均会降低母材物理接触的形成。因此,精细表面处理除去氧化膜并获得较平整的待焊母材表面有利于初期物理阶段的有效接触。材料待焊表面粗糙度越小、物理接触越好,越有利于扩散焊接过程中后续阶段的进行。② 接触表面的激活。随着焊接温度的升高,焊接母材接触界面原子吸收能量,达到激活状态,在紧密接触界面形成一个个激活中心,激活中心原子在相互作用下形成各种类型的化学键。③ 原子的扩散。该阶段主要为焊接母材原子通过结合面彼此相互扩散,扩散过程中发生化学结合、固溶、共结晶、极化和再结晶等物理化学过程,最终形成牢固可靠的焊接接头,并且随着焊接温度的降低,焊接接头发生应力松弛。

　　在焊接过程中,通过对界面和中间层的调控,可以有效提高层间结合能力,改善焊接质量:针对高熔点材料体系,通过设计和添加中间活性层进行平面连接,可以提高界面结合强度,降低连接温度,并精密控制层间的平行性;针对高活性体系,通过设计和添加中间阻挡层,可以减少/避免层间直接扩散、冶金反应,实现对界面物相及层厚、层间平行性的精密控制,大幅提高连接强度;针对物性差异悬殊且易发生反应的体系,通过表面处理与快速镀膜,得到较薄的焊接体中间膜层厚度,可以实现高强连接(图16);针对多物系体系,通过"分温区与次序"焊接的工艺,实现多层材料的整体连接,并在层厚不变的前提下,对层间应力弛豫与整体形变进行有效控制,从而得到具有梯度结构的焊接材料(图17)。

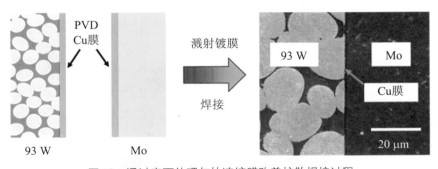

图16　通过表面处理与快速镀膜改善扩散焊接过程

图17 （a）分温区梯度焊接过程示意图；（b）梯度焊接样品；（c）断面显微结构

7．粉末冶金法制备梯度材料

粉末冶金法是制备梯度功能材料的一种常用方法，通常是先将不同成分的粉末进行梯度排列，得到具有梯度结构的生坯，再进行烧结，得到具有梯度结构的烧结体。

生坯的制备方法有叠层铺粉、流延成型等方法。以流延成型为例，其工艺流程如下（图18）：把不同比例原料粉末或颗粒与有机塑化剂溶液按适当配比混合制成具有一定黏度的料浆，料浆从容器中流下，被刮刀以一定厚度刮压涂敷在专用基带上，经干燥、固化后从上到下成为不同成分的生坯带，然后根据成品的尺寸和形状需要对生坯带作冲切，按设计组分进行逐层排列，制成待烧结的叠层粉末样品。该方法易于操作、控制灵活，可制备大尺寸材料。

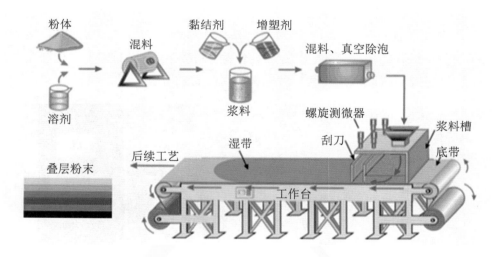

图18 流延成型法制备叠层梯度材料生坯的流程示意图

粉末冶金中常用的烧结方法主要有常压烧结、热压烧结、热等静压烧结、反应烧结、放电等离子烧结等。其中，放电等离子烧结是一种远离平衡状态的低温、快速烧结技术,也称脉冲电流烧结或等离子活化烧结,图19(a)是其设备的结构示意图。该技术通过在样品和模具上施加脉冲大电流,诱发特殊外场作用,除依靠模具的焦耳传热对样品加热外,还利用了样品颗粒间放电所产生的自身发热作用,因而能有效促进扩散、传质和烧结。与传统烧结方法相比,放电等离子烧结具有升降温速率快、烧结温度低、反应时间短等优点,通过放电效应可进一步净化颗粒表面并能有效抑制烧结过程中晶粒的异常长大。

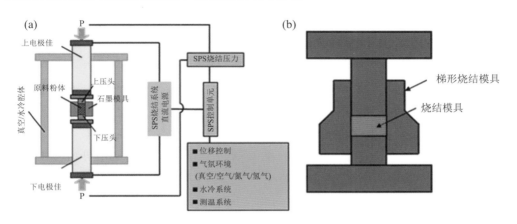

图19 (a) 放电等离子烧结设备的结构示意图;(b) 温度梯度烧结模具示意图

基于放电等离子烧结技术,利用不同材料对脉冲电流响应的差异性还可实现温度梯度烧结。如图19(b)所示的温度梯度模具,将烧结模具加工成梯形,通过合理设计梯形边的斜率来构筑温度梯度场,使梯度材料中不同材料组元处于不同的温度场下,即高熔点材料在高温下烧结而低熔点材料在低温下烧结,就能同时实现不同烧结性能、物性差异悬殊的梯度材料体系的整体致密化。通过放电等离子烧结技术和温度梯度模具,制备出的Al-Cu梯度材料及其元素分布如图20所示。

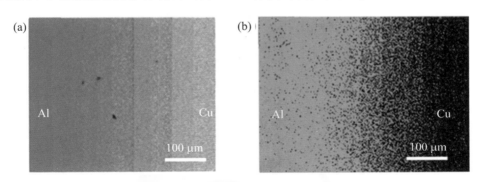

图20 (a) Al-Cu梯度材料微观示意图;(b) Al-Cu梯度材料元素分布图

8．增材制造法制备复杂结构梯度材料

增材制造技术（Additive Manufacturing，AM）又称3D打印技术，是一种通过在数字模型指导下逐步添加薄层材料来构建三维零件的制备技术。这种独特的技术允许直接从设计开始生产复杂的或定制的零件，减少了许多传统的加工步骤，并且复杂零件可以一步成型，而不受传统加工方法（如直切、圆孔）或商业形状（如薄板、管材）的限制。AM技术具有一系列的优点，近年来越来越受到人们的重视。通过AM制造的FGM体系常见的有Ti-Co、Ti-TiAl、Ti-TiC、Ni-TiC、Ti-SiC等。

激光直接能量沉积（Direct Energy Deposition，DED）工艺是一种3D打印法制备FGM的常用工艺，其原理和工作状态如图21所示。其主要功能是利用气载送粉方法，将不同成分和配比的粉末材料以不同的速率送至激光熔池，利用材料对激光辐照能量的吸收，将粉末材料熔化再结晶，通过控制工作台移动配合激光开关实现试样几何形状的最终构建，通过控制成型空间内的气氛环境，可将氧气含量降低至10×10^{-6}以下，从而满足钛合金等活泼金属的近净成形条件。DED法具有能量密度大、温度梯度高、冷却速度快，可多种组分同时打印并且含量可随时变化等特点，配合气氛仓可控制环境对材料的影响。以Ti-Nb为例，在TC4基板表面制备了具有成分梯度界面的Nb层。5个梯度层的粉末组成从95 wt.% Ti + 5 wt.%Nb到30 wt.% Ti + 70 wt.% Nb，最后的梯度层为100%Nb。如图22所示，连续层之间的界面连接良好，组织细化程度高，并沿与散热方向相反的方向生长成柱状和树枝状。

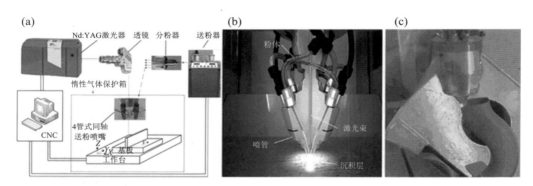

图21　激光直接能量沉积（DED）法：(a) 工作原理；(b) 喷头示意图；(c) 工作状态

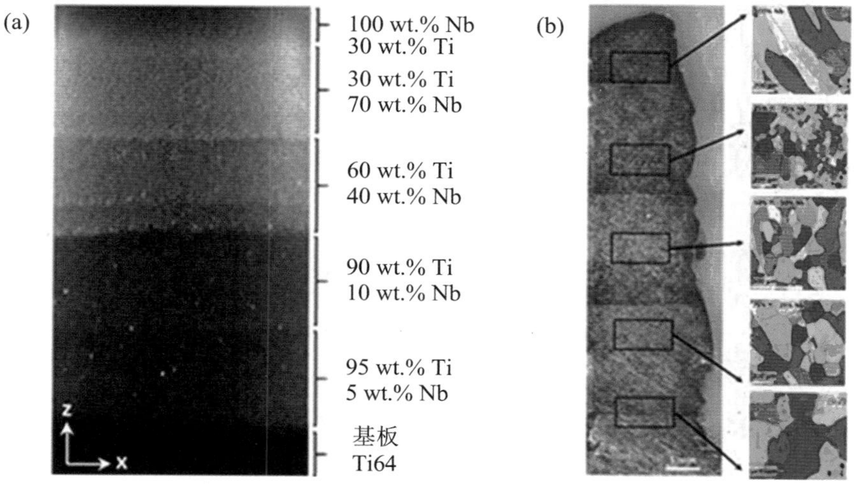
(a)
100 wt.% Nb
30 wt.% Ti
30 wt.% Ti
70 wt.% Nb
60 wt.% Ti
40 wt.% Nb
90 wt.% Ti
10 wt.% Nb
95 wt.% Ti
5 wt.% Nb
基板
Ti64
z
x
(b)

图22　增材制造法制备的Ti-Nb梯度材料的(a)梯度结构和(b)分层显微结构

梯度复合材料——面向未来，创造无限可能

“梯度化”作为一种新颖的材料设计思想和结构控制方法，已经成为材料领域研究的热点之一，也越来越为人们所关注。功能梯度材料中构成要素的梯度变化，使各材料组元复合后产生出“1+1 > 2”的特殊效应，赋予了梯度材料优异的功能特性，因而在航空航天、核能工程、国防科技、机械工程、生物医学、新能源等领域展现出广阔的应用前景，如表2所示。

表2　功能梯度材料的应用领域

应用领域	应用场景	功能
航空航天	隔热瓦、空间碎片防护、外层防隔热、航空天线罩	耐热冲刷、冲击防护、耐烧蚀、防隔热、选频透波、吸波
核能工程	热核反应炉壁、核废料储存	热应力缓和、耐辐射、中子吸收、中子屏蔽
国防科技	武器设计、装甲防护	应力波调控、抗侵彻
机械工程	高端涂层刀具、高端工模具	高硬度、耐磨损、自润滑
生物医学	人工骨、关节、牙齿、人工心脏瓣膜、人工血管、血管内窥镜	生物相容、耐腐蚀、强韧匹配
新能源	电子封装、长效高温密封光纤准直器	耐电化学腐蚀、高温密封、渐变折射率

下面就功能梯度材料的几个典型应用领域分别进行介绍：

1. 航空航天领域

随着航天飞行器以及先进飞行控制技术的不断发展，飞行器弹道方式和飞行热环境日趋多样化和复杂化，对防热材料的功能性提出更多和更严苛的要求，防热材料的多功能一体化是一次性解决未来航天飞行器先进热防护系统的重要技术手段。

酚醛树脂基复合材料是一种常用的航天飞行器外层防隔热材料，其耐温低于1000 ℃、高温烧蚀严重。借助梯度化思路，通过设计防热层、隔热层和承载层的梯度结构，制备可瓷化聚合物基热防护梯度材料，可以将飞行气动热量转化为新相结构形成所需能量，原位生成含碳的陶瓷梯度材料，进而提升热防护材料的耐高温、抗氧化、低烧蚀性能。防隔热材料在烧蚀过程中，大量的气动热以对流和辐射的形式加热材料表面，随之发生如图23(b)所示的复杂化学反应：可瓷化聚合物基复合材料在热解过程中，形成致密的陶瓷结构，能够有效隔绝氧气的传播和热量的传递，降低材料内部的实际承受温度，抵抗高速热流冲刷，起到防热作用；界面处高温陶瓷化形成石墨泡沫，可以阻止热量向内部传递，起到隔热作用。这样可瓷化聚合物基复合材料在室温时具有与聚合物相似的成型性能，而遇高温或燃烧后能瓷化转变成陶瓷以抵抗烧蚀，具有防火阻燃效果，并且能承受一定的机械强度。

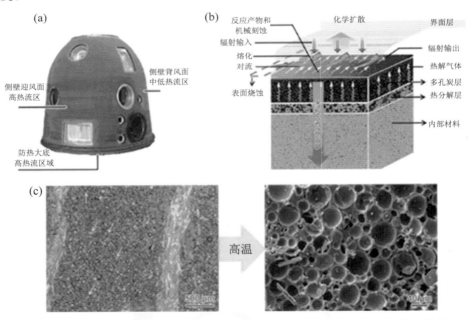

图23 (a)航天飞行器耐烧蚀防热材料；(b)烧蚀过程；(c)烧蚀前后的微观结构

2. 核能工程领域

核聚变是指由较轻原子核聚合成较重原子核,常见的是由氢的同位素氘与氚聚合成氦,该过程释放出巨大能量。与现已商业化运营的核裂变发电相比,核聚变能储量更丰富,几乎用之不竭,且干净安全,是一种清洁、高效的新能源。

磁约束核聚变通过磁容器约束等离子体并加热到很高的温度实现核聚变,因而面向高温等离子体的元件是核聚变反应装置中的关键结构件。此元件的表面要承受来自高温等离子体和氘、氚高能粒子的高速冲刷;而其背面又必须强制冷却,以使产生的热量及时散发出去,使反应堆能够良好地运转。这就要求该元件既要有耐高温性能,又要具备良好的热传导性。钨具有熔点高、硬度大、耐腐蚀性好以及抗等离子体冲刷能力强等优良性能,最有希望用作面向等离子体一侧的耐高温材料;而铜具有很好的导热性能,作为背面材料能很好地满足导热和冷却的要求。因此,结合两者优点复合而成的W/Cu功能梯度材料(图24(c)),具有良好的耐高温和热传导性能,是面向高温等离子体元件的首选材料。

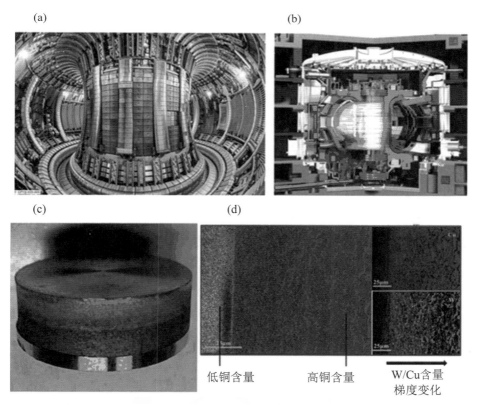

图24 (a)核聚变"托卡马克"装置;(b)内部高温等离子体示意图;(c)W/Cu梯度材料;
(d)W/Cu梯度材料的微观结构

此外，W/Cu功能梯度材料还可用作热核反应堆的偏滤器部件材料，能有效解决聚变实施过程中等离子体中杂质祛除、氦灰排除等技术问题。还可将等离子体流出的热流和离子流沉淀在靶板区，从而减少主真空室热负荷以及带电粒子对反应炉第一壁的溅射作用。

3. 国防科技领域

现代战争的对抗程度空前激烈，攻、防能力共同决定了国家的军事实力。战略武器是维护国家主权和安全的战略基石，其作用距离可远至上万千米，突击性强，核爆炸威力通常为数十万吨、数百万吨乃至上千万吨TNT当量。其中的关键材料在内爆过程中不仅要承受极高应力的冲击加载，还要承受不同应变率、数百万甚至上千万大气压量级峰值应力的连续加载和卸载作用。

目前，在实验室条件下模拟核爆极端环境已成为国际上面临的重大挑战，各国均在着力发展动高压实验加载技术。如图25(a)所示的基于梯度飞片的多级炮加载技术，其原理如图25(b)所示，通过高压气体驱动活塞对梯度飞片材料进行加速，经过多级加速获得极高的飞行速度，进而撞击靶材产生极端高压。多级炮加载技术因其加载压力高、加载时空尺度大、实验精度高等优点，成为创建动高压加载技术的首选，其中波阻抗梯度飞片材料(图25(c))作为多级炮实验技术的"心脏材料"，是一类典型的、具有特殊功能的梯度材料。梯度化的结构可实现飞片在加载能量传递过程中的温升大幅降低、动能极大提升，为破解飞片气化、确保其稳定、超高速击靶产生极端高压提供了理论和技术支撑。

(a)

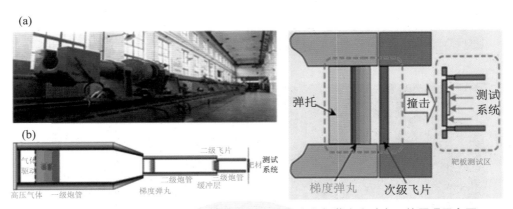

图25　(a)多级炮加载装置；(b)加载原理示意图；(c)加载产生动高压的原理示意图

4. 机械工程领域

作为现代高端制造业的"工业牙齿"，加工刀具既是超精密高速切削机床等加工系统的核心部件，也是高端数控机床的重要组成部分。为提高切削工具的加工速度和工作寿命，通常对工具表面进行涂覆处理以提高其刚度和耐磨性。在刀具表面涂覆上一层或多层抗高温、耐磨损涂层，避免了刀具与工件间的直接接触，使扩散和化学活性降低，提高了抗氧化、抗黏结及抗磨损的性能。如图26(a)所示的涂层刀具具有良好的综合切削性能，满足了高速切削加工中提高加工效率与加工质量的要求。外硬内韧的涂层刀具，如金刚石/SiC、Ti(C,N)/WC(Co)体系等，具有高强度、高韧性、高耐磨性等良好的综合性能，与传统硬质合金刀具相比，其切割效率和使用寿命提高数倍。但在切削高硬或高韧材料(如钛合金、镍基高温合金、碳纤维复合材料等)时，受到高温(>1000 ℃)、高速摩擦(>200 m/min)、强冲击等极端条件的挑战，易导致涂层的剥落和崩碎，使其可靠性和稳定性降低。

通过刀具涂层的组分/结构梯度化设计(图26(b)、(c))，增加微米/纳米尺度界面结合、抑制晶粒长大、调控涂层预压应力的大小和位置，是提高涂层强韧性及其与刀体的结合力、实现表面超强化的可行技术手段。目前利用物理气相沉积技术在硬质合金或高速钢基体表面生长的碳氮化物梯度涂层，具有表面硬度高、耐磨性好、化学性能稳定、耐热耐氧化、摩擦系数小等特性，可减少刀具、模具与工件间的扩散和化学反应，从而减少基体磨损，提高工模具寿命3倍以上，提高加工精度和速度20%～70%，降低工模具消耗费用20%～50%。此外，梯度功能涂层还可广泛用于抛光刀具、微型钻头及地质钻探工具，使其冲击韧性和使用寿命得以大幅度提升。通过制备梯度涂层，高档刀具的服役性能、服役寿命有望得到显著提升，进而满足航空航天装备、新能源汽车、5G通信器材等先进制造领域对高精度、高可靠性和长期稳定加工的迫切需求。

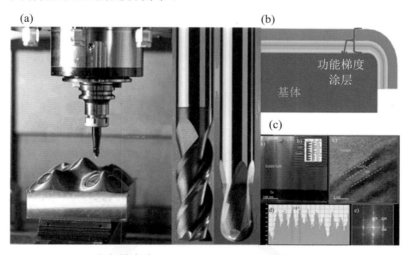

图26　(a)梯度涂层刀具；(b)、(c)表面梯度涂层示意图

5.生物医学领域

人体硬组织(如牙、骨、关节等)所用的替代材料，必须考虑其与生物组织的适

应性和在人体内的耐久性。国内研究表明,单一的牙种植体材料无法同时具备优良的生物相容性、生物活性和力学性能。羟基磷灰石是生物活性和生物相容性良好的陶瓷材料,但其力学性能一般,在受力作用或生物液体的侵蚀下易脱落、溶解,导致生物活性的降低。钛合金等金属材料具有良好的强韧性,可承受较大变形,但生物兼容性相对较差。

因此,基于两者优点复合而成的生物医学功能梯度材料,可作为仿生人工关节或牙齿使用,植入生体后依靠表层的生物活性陶瓷,能够在较短时间内迅速与生体组织形成紧密的生物结合,同时金属材料又能提供较高的支撑强度。功能梯度生物材料作为新一代人工牙根植入材料,具有特殊的组成结构,如图27所示,中心层为高强度金属或陶瓷基体,中间为过渡层,表层为纯生物活性材料,从而既充分发挥了各材料的性能优势,又使各组分间产生牢固的机械结合和化学结合,有望解决涂层脱落、种植体稳定性差等问题。

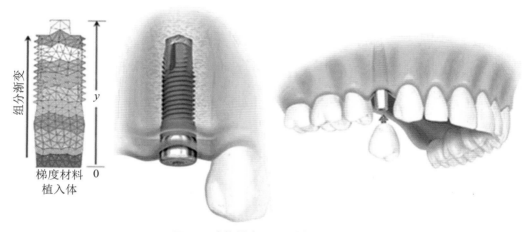

图27　功能梯度生物材料牙种植体

6. 新能源领域

储能技术是构建智能电网的核心要素,其规模应用必将有效提高可再生能源入网,推动电力能源生产与消费的深刻变革。新型液态金属电池以液态金属和熔盐作为电极和电解质,无需隔膜,储能成本低、寿命长,是中小型分布式储能的重要技术选择,具有广阔的应用前景。长效高温密封绝缘材料是构建液态金属电池的关键材料之一,如图28所示,密封材料的使用需面临高温、熔盐强腐蚀、Li蒸气、高电压等极端苛刻环境。

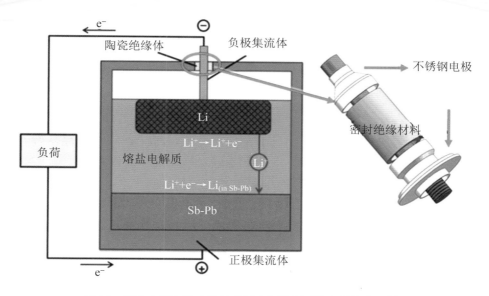

图28 液态金属电池内部结构示意图及所用的密封绝缘材料

采用氮化物复相陶瓷作为高温密封关键材料,进行高熔点、低膨胀金属与陶瓷金属梯度化成分结构设计,并一体化制备出如图29所示的高温储能系统长效高温密封绝缘构件——梯度密封环,构件结合强度高、高温稳定、绝缘性能优异、氦漏率低。在550 ℃服役温度、活泼金属Li/Na蒸气以及高温熔盐的极端服役环境下具有良好的耐腐蚀性。

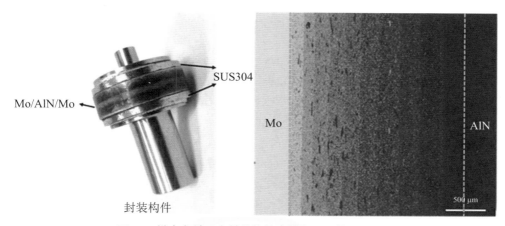

图29 梯度密封环在封装构件中的应用及其显微结构

展 望

功能梯度材料具有可设计性强的显著优势,有利于最大限度发挥其功能特性,其正式概念提出至今已有30多年。梯度材料体系、设计思想、功能特性、制备技术、工程应用等方面都得到了长足的发展,从最初的金属-陶瓷,扩展到金属-聚合物、金属-金属、陶瓷-聚合物、陶瓷-陶瓷等多种体系;从最初的热应力缓和功能,发展出力学性能梯度、电学性能梯度、光学性能梯度、生物性能梯度等诸多功能特性;从最初的航空航天,拓宽到核能工程、国防科技、机械工程、生物医学、新能源领域等各种应用场景。我国在功能梯度材料领域的研究基本上与国际同步,处于与国际"并跑"水平,但相关的理论还不够完善,技术也较为分散,其重要价值尚未完全体现。

为进一步强化功能梯度材料的基础研究与应用基础研究、新产品研发与工程应用推广,未来需要从"梯度复合"的思想和技术出发:一是发展多维度、多尺度的梯度设计技术,通过数值模拟与计算,研究梯度材料结构与功能之间的相互作用与演变规律,扩充梯度设计参数数据库,创新梯度材料功能特性;二是发展梯度材料的精细构筑技术,发展针对不同材料体系、不同梯度结构的高效、精细构筑技术与结构控制方法;三是发展和完善梯度材料的特性评价技术,建立梯度材料在服役环境下的结构与功能演化规律的分析与表征体系,充分发挥梯度材料的功能特性;四是拓宽功能梯度材料的应用领域,使其最大限度地服务于国家重大工程建设、高新技术产业发展。

参 考 文 献

[1] Niino M，Hirai T，Watanabe R. Functionally Gradient Materials[J]. Journal of Japanese Society of Composite Material, 1987(13): 257.

[2] 张联盟,涂溶,袁润.梯度材料的研究进展与发展新动向[J]. 高技术陶瓷,1995(2):23.

[3] 吴人洁. 复合材料[M]. 天津:天津大学出版社,2000.

[4] 张联盟.材料学[M].北京:高等教育出版社,2005.

[5] 郑东,宫赫,王丽珍,等.功能梯度生物材料在生物医学工程中的研究进展[J].生物医学工程与临床,2014(18):189.

[6] Li N, Huang S，Zhang G D，et al. Progress in Additive Manufacturing on New Materials: A Review[J]. Journal of Materials Science & Technology，2019,35: 242.

[7] 欧芸,石敏先,姚亚琳,等.可瓷化PDMS改性聚氨酯泡沫复合材料的制备及其性能研究[J].复合材料科学与工程,2020(4): 6.

[8] Xu Y，Wang T，Chen T，et al. Interface Design to Tune Stress Distribution for High Performance Diamond/Silicon Carbide Coated Cemented Carbide Tools[J]. Surface and Coatings Technology，2020,397:125975.

[9] 冯志海, 师建军, 孔磊, 等.航天飞行器热防护系统低密度烧蚀防热材料研究进展[J].材料工程,2020,48:14.

嫦娥钢
——强与韧可以兼得的合金

王幸福　韩福生　汪　聃[*]

高强塑积合金助力嫦娥"轻盈一落"

"嫦娥奔月"的传说家喻户晓,妇孺皆知。这个美丽的神话故事寄托了中国人探索宇宙、九天揽月的伟大梦想(图1)。

图1　嫦娥奔月

2013年12月14日21点11分,我国首个地外天体软着陆的航天器——"嫦娥三号"探测器成功踏足月球虹湾区,国人千百年来"嫦娥奔月"的梦想成为现实。[1]

在神话故事里,嫦娥奔月凭借的是王母娘娘赐予的仙药,而在今天,我们九天揽月的制胜法宝是高科技与新材料。首先,长征运载火箭(图2)将"嫦娥三号"推举到地月转移轨道;其后变推力发动机工作,开启探月之旅;最后登月阶段,为了化解"嫦娥三号"在"落月"时因自身强大惯性所带来的巨大冲击力,实现软着陆,

---

* 　王幸福、韩福生,中国科学院合肥物质科学研究院固体物理研究所;汪聃,延安大学。

"嫦娥三号"设计安装了四条非同寻常的超强超柔韧的"着陆腿"(图3)。试想一下,如果"着陆腿"因巨大的冲击力而发生折断或者严重变形的话,将会出现多么可怕的后果!能够力挽狂澜、一招制胜的法宝就是用来制造"着陆腿"的神奇材料——嫦娥钢。

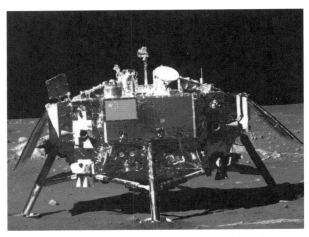

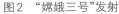

图2 "嫦娥三号"发射　　　　　　图3 缓冲拉杆保障"嫦娥三号"月面软着陆

　　"着陆腿"上配置了可以吸收能量的核心缓冲部件,其中,在每条横向辅腿中安装了两件缓冲拉杆,制造缓冲拉杆的高强韧新材料是由中国科学院合肥物质科学研究院固体物理研究所(以下简称"固体所")自主研发的。"嫦娥三号"在着陆时,四条主腿向外扩展,带动辅腿伸展,缓冲拉杆发生很大的塑性变形,进而有效吸收了冲击能量。新材料兼具较高的强度、优异的塑性以及稳定的力学响应特性,因此缓冲拉杆可以在有限的尺寸、重量和苛刻的约束条件下尽可能多地吸收能量,而且整个过程要确保非常稳定,可使探测器以非常柔和、舒适的方式着陆,确保"嫦娥三号"搭载的各类精密的科学仪器不会因遭受剧烈冲击震动而发生失灵和损坏。

　　2019年,为了推进航天高新技术成果转化、实现这种先进材料在国民经济建设领域的应用推广,固体所将该高强韧新材料注册了商标——"嫦娥钢"(注册号:38939625)。与几种常规金属材料相比,嫦娥钢的力学性能十分优越。从图4展示的拉伸应力应变曲线可以看出,不锈钢的塑性不够高(断后延伸率仅为50%左右);单晶Cu的塑性虽然非常好(断后延伸率超过了140%),但它的强度又太低;Cu-Zn合金在常温条件下塑性差,要想获得超塑性需要在高温等苛刻条件下才可以做到。而嫦娥钢则兼具高强度与高塑性,用来衡量这个综合性能的指标叫作"强塑积"(即强度与塑性的乘积),嫦娥钢的强塑积的数值最大,这就保证它可以高效稳定地吸收航天器在着陆时遭受的巨大的冲击能量。

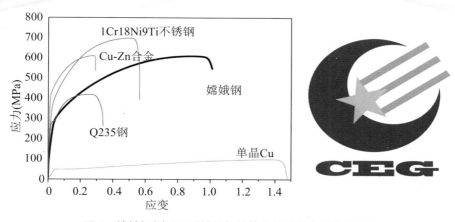

图4　嫦娥钢(右图为徽标)与其他金属材料力学性能对比

继"嫦娥三号"任务后,嫦娥钢又相继成功应用于我国"嫦娥四号""天问一号"等深空探测任务,保障了各项任务的顺利实施。此外,嫦娥钢还在桥梁防撞、减震等领域实现了工程示范应用。

金属材料强韧性倒置现象

嫦娥钢为什么具有高效稳定吸收冲击能的特异功能呢? 这要从"金属材料强韧性倒置现象"讲起。对于很多重要的金属结构和器件材料,在服役过程中我们最关心的就是它的力学性能,其中,材料的强度和韧性是至关重要的两大属性。材料的强度是用来衡量它受到多大的作用力才能使它发生弯曲或变形,而材料的韧性则是用来表征它发生多大的拉伸或压缩才会发生断裂。

可是上帝给人类的总是一个不完美的"苹果",一般情况下,金属材料的强度升高了,塑性或韧性反而又降低了,强韧性常常呈现出一种此消彼长的倒置关系。从图4可以看到,单晶金属Cu的塑性很高而强度极低,而Q235钢的强度和塑性均不是很好,这些都是为什么呢? 要想了解其中的奥秘,就要从材料的塑性变形的机制开始谈起。

晶体材料的塑性变形主要有两种机制:滑移变形和孪生变形,而这两种变形机制均建立在所谓的"位错理论"基础之上。

1926年,弗兰克尔(Frankel)发现了理想中的晶体模型,它的理论刚性切变强度比实际测量得到的临界切应力数值高了3~4个数量级(即1千到1万倍)。理想很"丰满",现实很"骨感",简直太不可思议了! 1934年,泊兰伊(M. Polanyi)、泰勒(G. Taylor)和奥罗万(E. Orowan)等学者认为现实中的材料并不是完美的晶体,可能存在缺陷或畸变,他们几乎同时提出了"位错"(英文为dislocations,即原子不规则排列而产生的二维晶格缺陷)的概念。而且,泰勒还把位错和晶体的塑性变形联系起来,并逐步发展了"位错理论"。

位错理论认为:晶体发生变形(图5)时,其实际滑移过程并不是"滑移面"(指将要发生相对错动的晶体中的分界平面)上下两边的所有原子都同步做整体的刚性滑动,而是通过晶体中存在的"位错"(图中的红色线)的移动来进行的,位错可以在比较小的应力作用下就开始发生移动,使滑移区逐渐扩大,直至扩展到整个滑移面上的原子都先后发生相对位移。[2]这就完美地解释了晶体实际强度远低于理论值的实验现象。

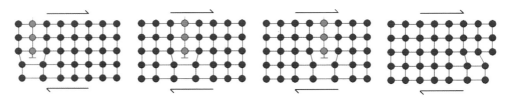

图5　位错的滑移过程

1950年后,随着电子显微镜实验技术的突破,通过观察,证实了位错的存在及其运动。

基于位错理论,科学家提出了金属材料的四种强化方法,即固溶强化、第二相强化、加工硬化以及细晶强化。然而,前三种方法是通过引入溶质元素/"第二相"组织或发生位错反应增殖等方式阻碍位错运动,最终导致材料强度和硬度增加,但与此同时带来的副作用是材料的韧性和塑性显著下降;细晶强化主要通过细化晶粒、增加晶界密度而改善金属材料力学性能,那么是否有希望打破这种倒置关系的魔咒呢?

笔者采用不同工艺方法对一种不锈钢(1Cr18Ni10Ti)做了强化处理,其拉伸力学性能如图6所示:加工硬化处理使材料强度增加,同时塑性也显著降低;细晶强化则实现了材料强韧性能同步提升。这是因为晶粒细化,晶界数量变多,位错滑移阻力增大,金属的塑性变形抗力就会增加;同时,晶粒数量增多,金属的塑性变形可以分散到更多的晶粒内进行,裂纹扩展受到抑制,因此仍保持较好的塑性。可以看出,在常用金属强化方法中,细晶强化似乎是目前唯一可以做到既提高强度,又改善塑性或韧性的方法。

20世纪50年代,基于"位错塞积"理论,霍尔(Hall)和佩奇(Petch)提出了关于晶粒细化的霍尔-佩奇(Hall-Petch)关系式,即金属材料强度随晶粒尺寸减小而显著增大(图7红色线所示),该模型沿用至今。然而,近期研究发现,当晶粒尺寸小于数十纳米时,材料强度与晶粒尺寸不再遵循霍尔-佩奇关系(图7蓝色线所示)。因此,通过晶粒细化方法改变材料强韧性倒置关系存在天花板。

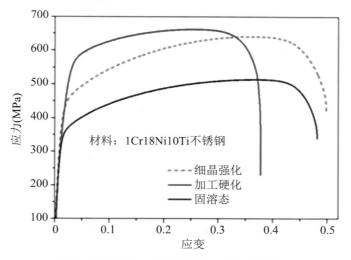

图6　不同强化方式对不锈钢力学性能的影响

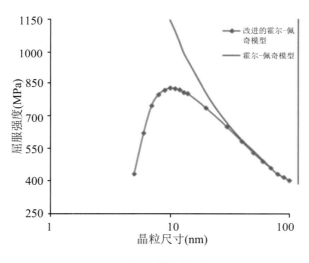

图7　霍尔–佩奇关系图

　　那么我们可以深入探究一下,为什么很多金属材料拉伸变形并不均匀,而是出现明显的颈缩现象(图8)? 位错移动实际是怎么发生的呢? 如图9所示,材料塑性变形时位错会首先沿着原子密排面(滑移面)的密排方向(滑移方向)滑移,因此位错滑移表现出明显的方向性与不均匀性,加上晶粒受位向与晶界的约束,材料变形不一致,易发生应力集中,最终导致颈缩产生直至断裂。

　　另外,根据晶体学理论,一个"滑移面"与其上的一个"滑移方向"组成一个"滑移系",滑移系越多,金属发生滑移的可能性越大,塑性就越好。表1显示了三种常见金属晶体结构的滑移系,可以看出,体心立方结构与面心立方结构的晶体滑移系较多,单晶铜属于面心立方结构,而且单晶组织塑性变形时没有晶界的约束,这也就可以理解为什么单晶铜的强度偏低而塑性却如此之高了。

图8　Q235钢拉伸实验颈缩现象

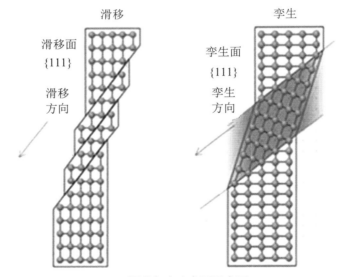

图9　滑移与孪生变形示意图

表1　三种常见金属晶体结构的滑移系

晶格	体心立方晶格		面心立方晶格		密排立方晶格	
滑移面	{110}×6		{111}×4		六方底面×1	
滑移方向	{111}×2		{110}×3		底面对角线×3	
滑移系	6×2=12		4×3=12		1×3=3	

106

"孪生变形"是除滑移变形外的另一种主要塑性变形方式,它是晶体的一部分对应于一定的晶面(孪晶面)沿一定方向(孪生方向)进行相对移动,发生孪晶变形后,孪晶面两侧的晶体呈现镜面对称。与滑移变形不同,孪晶中一系列相邻晶面内的原子都产生同样的相对位移,这种切变在整个孪生区内部是均匀的,因此,孪生比滑移变形更为均匀。

一般来说,孪生所需的临界分切应力远高于滑移时的临界分切应力,只有在滑移难以进行时,晶体才发生孪生变形,因此,孪生在滑移系较少的密排六方晶格金属中相对容易发生。

鱼和熊掌居然可以兼得

前文已经提到,孪生变形比滑移变形更为均匀,但也通常认为,在晶体结构对称性比较低、滑移系比较少的材料中,当形变速度较大,变形温度较低,或在不利于滑移取向的情况下加载时,在某些应力集中的地方才会产生孪晶。面心立方金属因而滑移系较多,不易产生孪晶,只有在极低的温度下才形成机械孪晶,孪生变形的作用似乎并不显著。

1997 年,格拉塞尔(O. Grassel)等在研究铁锰硅铝(Fe-Mn-Si-Al)系的相变诱发塑性(TRIP)钢时发现,当锰含量超过 25 wt.%,铝含量超过 3 wt.%,硅含量为 2 wt.%~3 wt.%时,材料为单一奥氏体(面心立方)组织,其强塑积达到了 50 GPa%,是高强韧性的 TRIP 钢的两倍。通过对该材料塑性变形过程中的微观组织演变分析,发现材料晶粒内部形成了大量的"机械孪晶",孪生变形与滑移变形既竞争又协作,交替发生作用,最终导致材料性能提升。那么该材料作为面心立方晶体,为何能够在室温下激发孪生变形?孪生与滑移又是如何相互影响的呢?

深入研究发现,与传统认识不同,塑性变形初始阶段,位错沿滑移面移动,遇到障碍时,位错被钉扎并发生位错缠结和塞积,位错密度不断增加,引起强度急剧升高。

随着塑性变形继续进行,滑移系在原有的方向很难再开动,高密度位错区应力集中越来越大。当应力集中达到孪生所需临界应力值时,奥氏体晶粒内发生孪生变形,改变晶体取向,使原来不利于滑移的取向转变为新的有利取向,进一步激发滑移,孪生和滑移交替进行,使材料变形更为均匀,塑性提高(图10)。

随着应力不断增加,奥氏体晶粒内产生大量形变孪晶,形变孪晶不断切割奥氏体基体,发生动态霍尔–佩奇效应,起到细晶强化的作用。另外,形变孪晶的产生使位错平均自由程下降,阻碍了位错的运动,使材料变形阻力增加。因此,滑移–孪生交替进行与动态霍尔–佩奇效应的综合作用使该材料同时表现出极高塑性和较高强度。

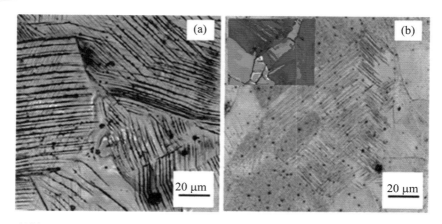

图10　材料拉伸变形后的表面组织:(a) 滑移带;(b) 形变孪晶(左上角红色线条为形变孪晶)[7]

格拉塞尔将这种强化机制称为"孪生诱发塑性"(TWIP)效应,该材料命名为TWIP钢,其强塑积水平在现有先进高强钢中最为突出(图11)。

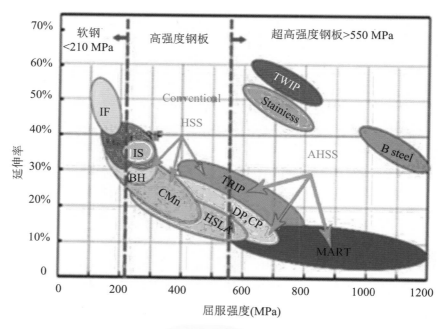

图11　各类钢的延伸率和屈服强度之间的关系

这种孪生在形变中的作用与传统的概念完全不同,嫦娥钢的设计理念及其强韧化机制即来源于TWIP效应。自21世纪初,在国家航天任务需求牵引下,固体所科研团队在格拉塞尔等人工作的基础上,通过合金成分优化设计,极大发挥了材料TWIP效应,进一步提升了材料强韧性;通过精细晶体组织(晶粒尺寸、形貌、取向等)调控,突破了传统 TWIP 钢关键性能指标(图 12)。[3-6] 其中,研发的柱状晶组织嫦娥钢,其轴向拉伸塑性超过 110%,成功应用于我国探月/火工程任务中。

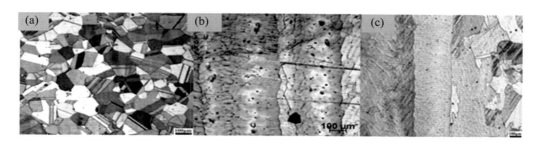

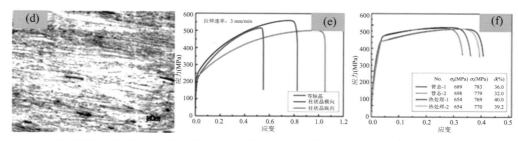

图 12　不同调控方法获得的晶体组织:(a) 等轴晶;(b) 柱状晶;(c) 等轴晶–柱状晶混合晶;(d) 纤维晶;(e) 等轴晶、柱状晶以及混合晶力学性能对比;(f) 纤维晶力学性能

嫦娥钢(TWIP 钢)的应用

正是由于有了金属材料的滑移、孪生与交替进行的塑性变形机制和独特的动态霍尔–佩奇效应以及稳定的奥氏体组织,嫦娥钢(TWIP 钢)表现出优异的力学性能及物理化学属性:

(1) 具有良好的抗拉强度(≥600 MPa)。

(2) 具有优良的延伸率(≥70%)。

(3) 具有高的能量吸收能力(传统深冲钢的 2 倍以上)。

(4) 没有低温脆性转变温度 (−196 ℃→200 ℃)。

(5) 低磁导率($1.262×10^{-6}$ H/m,优于不锈钢、无磁钢)。

(6) 具有高的能量吸收率(室温条件下吸收能超过 0.5 J/mm³)。

材料主要应用场景简介如下:

汽车用钢。相对于其他先进高强钢,TWIP 钢优异的高强度、高塑性等特点,使其表现出更好的成形性能和吸收能量的效果(图 13、图 14),非常适合作为汽车用钢。

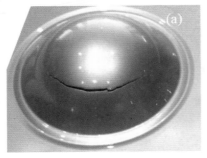
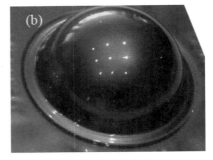

图13　杯突试验结果对比：(a) 无间隙原子(IF)钢；(b)TWIP钢

　　杯突试验是评价金属薄板成形性能的一种试验方法，又称埃里克森试验或埃氏杯突试验，是用球形模具把一张四周被牢牢压紧的金属薄板顶入凹模中，薄板会被顶出一个半球形鼓包直至鼓包顶部破裂为止，测量压入深度（即杯突深度）来表示薄板成形性能的优劣。TWIP钢的杯突深度明显大于无间隙原子钢。

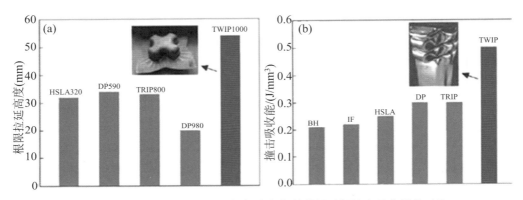

图14　(a) TWIP钢极限拉延高度；(b) 与其他深冲钢撞击吸收能的对比

　　从2005年起，Arcelor公司和Thyssen Krupp Stah公司合作研制了一系列铁锰铝碳(Fe-Mn-Al-C)、铁锰碳(Fe-Mn-C)系高锰TWIP/TRIP钢，命名为"X-IP"钢，并应用在汽车B型门柱上用来提高其侧面受到冲击时的安全性。

　　2003年，韩国浦项制铁集团公司(POSCO)开始对高锰TWIP/TRIP钢产品进行开发。2007～2008年，POSCO在世界知识产权组织(WIPO)申请了TWIP钢的专利技术，该专利所开发TWIP钢的成分设计以Fe-Mn-Al-C系为主，POSCO生产的产品包括高强度、高塑性以及具有优良涂镀性能的TWIP钢热轧板、冷轧板及镀层板。[7]

　　从2008年起，POSCO向韩国现代起亚公司以及克莱斯勒、通用、大众等汽车公司提供TWIP钢样本。图15为典型的TWIP钢汽车用部件，图16显示了TWIP钢部件在汽车白车身的应用情况。

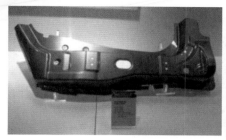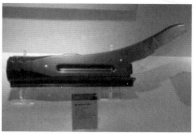

图15 典型的TWIP钢汽车用部件

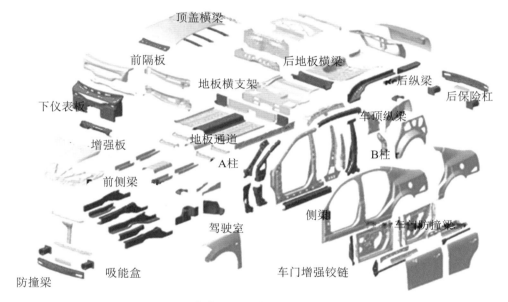

图16 TWIP钢部件在汽车白车身的应用(红色标示)

液化天然气(LNG)低温储罐。TWIP钢具有稳定的奥氏体组织,在低温条件下仍保持高强韧性能,因此可以用来生产LNG低温储罐。目前,LNG储罐一般使用四种材料:镍基合金、不锈钢、9%镍钢和铝合金。TWIP钢可以经受−196 ℃极低温考验,其价格相当于现役材料的50%～70%,经济性能非常突出。

在这一领域,韩国POSCO相对领先。2010年POSCO与大宇造船海洋公司、全球五大船级社共同成立了"极低温用TWIP钢及焊接材料共同开发"项目。2014年12月,该项目通过韩国国家技术标准院认证。2015年,POSCO低温TWIP钢实现了批量生产并应用于大宇造船海洋公司玉浦造船厂制造的LNG储罐。2018年年底,POSCO开发的LNG储罐用低温TWIP钢在第100次海事安全委员会上正式登记注册成为国际技术标准,后续TWIP钢将有望大范围取代现在普遍使用的316不锈钢或9%镍钢,降本增效,在低温储罐领域发挥重大作用。

航天器着陆缓冲。在"嫦娥三号"着陆缓冲机构中,首次采用了嫦娥钢制成缓冲拉杆,主要用于吸收探测器着陆时水平方向的冲击能量(图17)。

 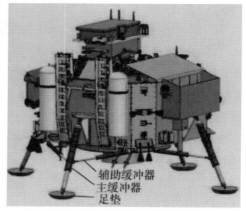

图17 "嫦娥三号"着陆器示意图

  "嫦娥三号"着陆缓冲机构和拉杆应用如图18所示。着陆缓冲机构由主缓冲器、足垫、多功能辅助缓冲器、单功能辅助缓冲器等组成。其中,主缓冲器主要用于吸收纵向冲击载荷,辅助缓冲器具有拉伸、压缩双向缓冲功能,主要用于吸收水平冲击载荷。在多功能辅助缓冲器和单功能辅助缓冲器拉伸方向上,各布置了两根缓冲拉杆,利用缓冲拉杆拉伸变形吸收水平冲击载荷。在"嫦娥三号"着陆缓冲机构方案中,采用了固体所研制的嫦娥钢,突破了高强度、超高塑性拉杆材料的制备、组织调控、冷热加工、质量控制等关键技术,材料综合性能指标达到了国际领先水平,解决了金属缓冲拉杆缓冲吸能难题,成功保障了任务实施。[8]

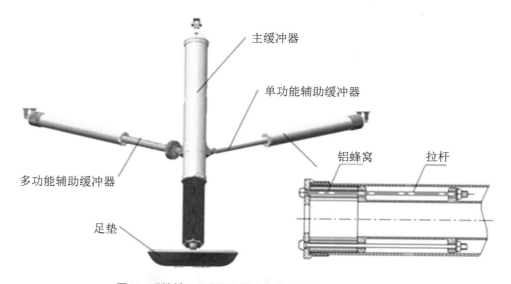

图18 "嫦娥三号"着陆缓冲机构和拉杆应用示意图

在"天问一号"火星探测任务中,嫦娥钢发挥了更为重要的作用。火星探测器着陆缓冲机构和拉杆应用如图19所示。

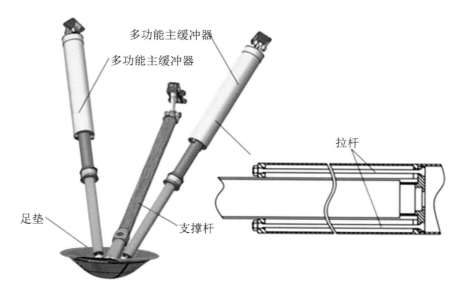

图19 "天问一号"着陆缓冲机构和拉杆应用示意图

与探月航天器相比,火星探测器着陆飞行过程中需要进行热防护,防热大底严重限制了着陆缓冲机构的折叠包络空间,因此火星探测器着陆缓冲机构采用了"倒三角架"式机构设计,由多功能主缓冲器2个、支撑杆、足垫等组成。另外,防热大底也严重限制了各个缓冲器的径向尺寸,因此取消了铝蜂窝能量吸收元件,在多功能主缓冲器内各布置了两根嫦娥钢制缓冲拉杆。着陆时,利用主缓冲器向外滑移的相对压缩运动,缓冲拉杆吸收纵向和水平方向的冲击载荷。与"嫦娥三号"着陆缓冲机构相比,缓冲拉杆在"天问一号"火星探测器着陆缓冲机构承担了主要的能量吸收功能,对嫦娥钢的稳定性和可靠性提出了更高要求。

除此之外,嫦娥钢突出的高强韧、高吸能、超低温韧性以及无磁等优良特性,使其在道路桥梁防撞/减震、直升机起落架缓冲、抗冲击甲板、防爆罐、海洋平台、无磁钢等领域有重要的应用前景(图20)。随着材料综合服役性能的不断提升以及低成本规模化制备技术的突破,嫦娥钢有望实现多方位、多领域的工程应用,越来越多地出现在人们的日常生活之中。

图20　嫦娥钢在海洋平台、防爆罐等领域具有巨大的开发潜力

参 考 文 献

[1]　杨建中,满剑锋,曾福明,等.“嫦娥三号”着陆缓冲机构的研究成果及其应用[J].航天返回与遥感,2014,35(6): 20-27.

[2]　王亚南,陈树江,董希淳. 位错理论及其应用[M]. 北京:冶金工业出版社,2007.

[3]　汪聃. 柱状晶 TWIP 钢缺陷演化与塑性变形机制[D]. 合肥:中国科学院合肥物质科学研究院,2014.

[4]　王文. 孪生诱发塑性钢的组织、性能调控方法与机制[D].合肥:中国科学技术大学,2019.

[5]　段先锋,韩福生,汪聃,等. 一种柱状晶结构的孪生诱发塑性合金钢及其制备方法:中国,ZL201110102915.X[P].

[6]　韩福生,汪聃,王坤. 一种柱状晶/等轴晶复合晶体结构的高强塑积合金钢及其制备方法:中国,ZL201410057155.9[P].

[7]　Li D,Feng Y,Song S,et al. Influences of Silicon on the Work Hardening Behavior and Hot Deformation Behavior of Fe-25wt.% Mn-(Si, Al) TWIP Steel[J]. Journal of Alloys and Compounds,2015,618:768-775.

[8]　郭奕彤,刘海英,紫晓. 自主创新树典范　嫦娥工程结硕果(下):“嫦娥三号”探测器探月任务创新成果回眸[J]. 中国航天,2014(9): 3-7.

声学材料
——营造身边的"宁静致远"

李 姜 张 捷 郑 宇 李春海*

我们常说"看得见、听得到、摸得着",听觉是与视觉、触觉并列的三大人体感观。声音刺激人耳产生听觉,声音影响着人们生活的方方面面:动听的音乐让人身心愉悦,嘈杂的噪声让人心情烦躁;过大的声音会损伤听力,极度的安静会令人恐惧。我们需要声音,更需要"调控"声音,让声音的大小和品质符合不同环境和不同人群的需求,而这种能够改变声音特性的材料就叫作声学材料。

声音的传播。想象一下,当你想进入一间房间时,如何让里面的人知道呢?你可能会选择礼貌性地敲敲门,并问上一句"请问里面有人吗?"(图1)这个过程看似简单,其实已经涉及了声音传播的两种基本路径。

图1 敲门引起的声音传播

当你用手敲门时,"噔噔噔"的声音出现了,这个时候是你的手对门施加了一个"机械力"的激励,进而引起了门的"振动",然后门就因为振动产生并"辐射"声音了。这种声音的传播路径我们一般称为"结构传声"。而当你发出询问——"请

---

* 李姜、张捷、郑宇、李春海,四川大学。

问里面有人吗?"此时已经先"产生"声音了,这个声音可以透过门缝直接传到房间里面,也可以"穿过"门传进去。这种声音的传播路径我们一般称为"空气传声"。

这个时候你是不是已经开始思考了,对于不同传播路径的声音我们是不是应该采用不同的措施或者不同的材料来控制它呢?

降噪材料。知道了声音的主要传播路径,声学材料的分类其实也就变得清晰了。对于结构传声,因为主要是机械力的激励,所以我们在路径上控制主要考虑使用"阻尼材料"来降低振动;对于空气传声,因为主要是空气声波,所以我们在路径上控制主要考虑使用"吸声材料"和"隔声材料"来吸收和隔绝声音。

因此,隔声、吸声、阻尼是声学材料的三种主要组成类型。与光的传播类似,声音的传播也有入射、反射、透射。隔声材料主要降低声音的透射波,吸声材料主要降低声音的反射波,阻尼材料则主要耗散声音的入射波。下面我们就来具体谈一谈这三种声学材料。

隔声结构和隔声材料

隔声性能主要是指材料或结构隔绝空气中传播的噪声的能力。隔声的概念最早用于建筑声学设计中,设计隔声性能良好的墙体结构以免住户受到外部噪声或其他房间噪声的干扰是建筑声学设计中的重要环节(图2)。

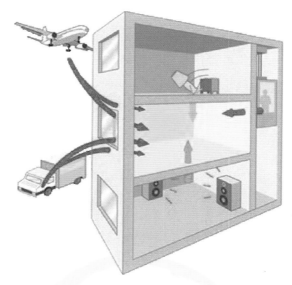

图2　隔声示意图

材料或结构的隔声量定义为入射的声能量与透射声能量的比值。声波入射到墙板一侧,因声波的作用会使墙板产生振动,辐射声波。如果墙板的振动越大,则向另一侧辐射的声音也越大;如果墙板的振动越小,则向另一侧辐射的声音也越小。想象一下,你隔着一堵墙大喊一声与隔着一扇窗户大喊一声,是不是隔着墙的时候听到的声音要小一点? 这其实就是隔声里面的"质量定律"。

隔声质量定律指一般结构或者材料的隔声特性曲线,根据隔声能力的不同可以划分为刚度控制区、质量控制区和吻合效应区(图3)。

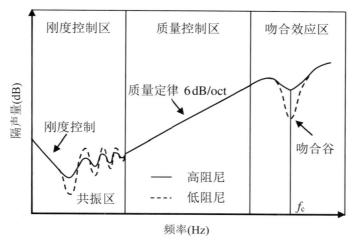

图3 均质结构的隔声特性曲线

在大部分频率范围内,结构或者材料的隔声能力是受到质量影响的,也就是我们所说的越重越能隔绝噪声。这也是为什么现在高档住宅或者酒店的门都是实木的,是一般隔声设计最关注的范围。但是也存在两个特殊的区间,就是"刚度控制区"和"吻合效应区"。所谓刚度控制区,就是当噪声的频率很低时(通常在100 Hz 以下),结构或者材料的隔声性能不再受到质量影响,而是取决于自身是否足够"硬"。也就是说即便这个材料非常重,但是本身是"软绵绵"的,那在比较低的频率时也不能起到很好的隔绝声音的效果。而在吻合效应区,由于结构或者材料本身的一些属性和声波特性产生了"吻合",声波就特别容易穿透过去。在这一区间,就要考虑结构或者材料的一些特殊属性了,而不再是质量。

既然隔声在大多数情况下主要靠质量影响,那么有没有其他办法来提高隔声量呢? 通过结构或者材料的设计是可以实现的。

结构设计提高隔声量。对于单层板墙来说,为了提高隔声效果,单靠增加质量,不仅需要增加大量材料,而且需要增加结构的自重,会使建筑基础的造价提高,以及使用面积的减少。比如为了使单层板墙的隔声量提高 12 dB,则板墙的质量要增加 4 倍,即板墙的厚度要增加 4 倍。采取这种方法来达到隔声量的较大提高是既不经济也不现实的。如果把两个单层板墙中间留一定的间距,有时把两墙之间的空气层称为空腔,就形成了双层隔声结构。比如把 24 cm 厚的一个单层砖墙砌筑成中间留有空气层的 12 cm 厚的两个半砖墙，就形成一种典型的双层隔声结构（图4）。

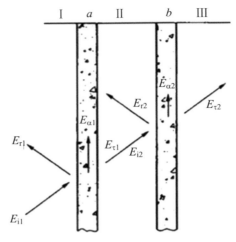

图4 双层墙中的声波传播

双层墙隔声结构的隔声量可以得到明显提高，但是与单层墙一样，同样会产生吻合效应，而且临界频率取决于组成双层墙的单层墙的临界频率。由两个完全相同的单层墙组成的双层隔声结构，因两者临界频率相同，该频率会有大量声能透过，从而使隔声吻合谷大大下降，隔声频率曲线的下凹加深。对于同一种材料。一般采用厚度不同的单层墙来组成双层隔声结构，以便两墙的吻合频率错开。虽然会产生两个隔声吻合低谷，但下凹的深度减小，从而提高了双层结构的隔声效果。

结构设计虽然可以解决隔声量与质量之间的矛盾，但是不可避免地增加了结构的空间尺寸。所以科学家们除了在结构设计上开展研究之外，也不断深入材料设计之中，通过改变材料的属性来突破隔声质量定律的限制。

材料设计提高隔声量。生活中常见的木板、金属板，都可以算作隔声材料。我们在处理噪声问题的时候，除了增加这些材料或者结构的厚度之外，也会对它们进行一些结构设计，比如刚才提到的双层隔声结构。但是在真正的工程应用中，还会经常接触到一个名词——"隔声毡"或者"隔音板"（图5）。这是一种由高分子材料制备而成的隔声材料，虽然也遵循"质量定律"，但是比一般的金属板件隔声效果要好。

有别于传统的隔声材料，为了突破"质量定律"，科学家们研发了一种基于"微纳层叠共挤出技术"的层状隔声材料（图6），由发泡层和非发泡层交替层叠，1 mm 的隔声卷层可以达到 2^n 层，突破了低密度与高隔声不可兼得的技术瓶颈。

图 5　隔声毡或隔音板

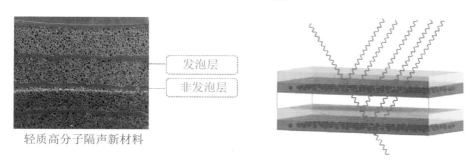

发泡层

非发泡层

轻质高分子隔声新材料

图 6　基于"微纳层叠共挤出技术"的层状隔声材料

吸声材料

　　吸声材料能够在声波传播的过程中消耗声能(机械振动),达到降低噪声的目的。在日常生活中,我们所接触到的很多材料都有一定的吸音效果,一般将平均吸音系数大于0.2的材料称为吸声材料,而平均吸音系数大于0.5的材料则被称为高效吸声材料。

　　声波具有机械能,当声音传入构件材料表面时,声能一部分被反射,一部分穿透材料,还有一部分由于构件材料的振动或声音在其中传播时与周围介质摩擦,由声能转化成热能,声能被损耗,声音被吸收(图7)。

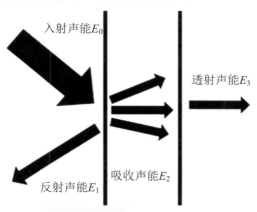

入射声能E_0

透射声能E_3

吸收声能E_2

反射声能E_1

图 7　吸声材料原理示意图

根据材料的结构与吸音原理的不同,吸声材料可以分为:① 多孔吸声材料:纤维状吸声材料、颗粒状吸声材料和泡沫状吸声材料;② 共振吸声材料:单个共振器吸声材料、薄板共振吸声材料和微穿孔吸声材料;③ 特殊结构吸声材料:吸音屏、吸音劈尖和空间吸音体。

多孔吸声材料。多孔吸声材料具有很多微小的孔隙和孔洞,具有一定的通透性,当声音入射到多孔材料中,由于声音的传播从而引起孔隙中空气的振动,使空气和孔壁发生摩擦,在摩擦和黏滞力的作用下,声能转化为热能,从而使声波减弱。多孔吸声材料是目前应用最广泛的吸声材料,主要包括吸音毡、地毯等纤维制品及薄膜制品等(图8)。

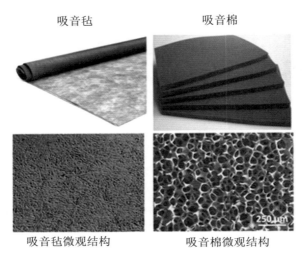

图8　多孔吸声材料

共振吸声。共振吸声顾名思义是由于共振而导致的声能消耗。声波的振动会使材料中的纤维、孔壁等吸音结构产生振动,当振动频率接近吸音结构的固有频率时就会发生共振现象,此时,吸音结构振动最剧烈,消耗的声能也最多。不同的吸音结构的固有频率不尽相同,所以产生共振的声波频率也不同。

空腔共振器。空腔共振器是共振吸声的常见结构。空腔共振器是一个有孔颈的密闭容器,相当于一个弹簧振子系统,容器内的空气相当于弹簧,而进口空气相当于和弹簧连接的振子。当入射声波的频率接近共振器的固有频率时,孔颈中的空气柱就由于共振而产生剧烈振动。在振动中,空气柱和孔颈侧壁摩擦而消耗声能,从而起到了吸声的效果(图9(a))。

穿孔板共振器。穿孔板共振器是最常见的空腔共振器,即把塑料板、金属板和木质板等以一定的孔径和穿孔率打上孔,背后留有一定厚度的空腔所形成的结构。穿孔板共振吸声结构依靠系统的共振而吸声,穿孔板上每个孔口的背后都包含了相应的空腔,该空腔实际上是无数个连续的单个亥姆霍兹共振器的并联组合(图9(b))。

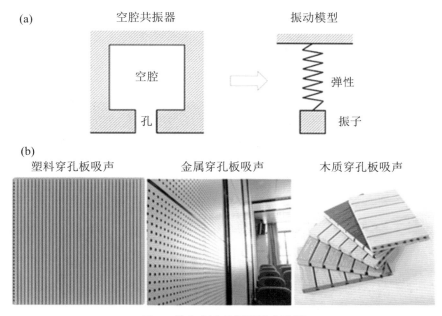

图9 单个空腔共振器及穿孔板

特殊结构吸声材料。(1) 吸音劈尖。吸音劈尖是一种特殊吸声体(图10),它要求入射其表面的声波几乎全被吸收。吸音劈尖由基部和劈部组成,基部为底部截面不变部分,劈部为截面从尖头开始逐渐增大部分。由于吸音劈尖的劈部截面从小逐渐增大,使之与空气特性阻抗比较匹配,从而达到入射声波几乎毫无反射地全被吸收。

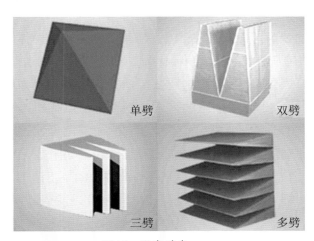

图10 吸音劈尖

（2）空间吸音体。空间吸音体是将吸声材料制备成一定形状的块体,如平板形、球形、圆锥形、棱锥形或柱形,使其多面吸收声波,在投影面积相同的情况下,相当于增加了有效的吸声面积和边缘效应,再加上声波的衍射作用,大大提高了实际的吸声效果,其高频吸声系数可达1.40。空间吸音体多用于室内体育馆(图11),其各式各样的形状、摆设方式,能增强室内的装饰效果,最重要的是它的吸音性能能防止大型厅堂内产生回声缺陷,并有效地降低混响时间。

图11　体育馆内的空间吸音体(平板形)

阻尼材料

在日常生活中,阻尼的例子随处可见,一阵大风过后摇晃的树会慢慢停下,用手拨一下吉他的弦后声音会越来越小,等等。声波源于物体的振动,物体振动除了向周围辐射在空气中传播的噪声(称为"空气声"),还会通过其连接的固体结构传播噪声(称为"固体声"),而固体声在传播的过程中又会向周围辐射噪声,尤其在引起固体共振时,会产生很强的噪声。振动噪声不仅影响人的学习、生活和工作,特别是1~100 Hz的低频振动,还会影响的人的健康,且长期的振动将造成机械设备和建筑的破坏。阻尼是指任何振动系统在振动中,由于外界作用(如流体阻力、摩擦力等)和/或系统本身固有的原因引起的振动幅度逐渐下降的特性(图12)。利用阻尼作用对振动源进行改进以弱化振动强度是实现降噪的直接方法和重要手段。

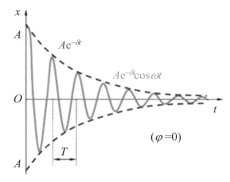

图12　阻尼振动位移时间曲线

阻尼损耗因子。高分子材料具有特殊的黏弹性特征,即兼有黏性液体在一定运动状态下损耗能量的特性和弹性固体材料贮存能量的特性,所以当它产生动态应力和交变时,会发生滞后现象和力学损耗,可以将部分能量转化为热能而耗散掉,从而减弱振动和降低噪声。具体地,当振动或噪声传递到高分子材料时,会引发材料大分子链或者链段的运动,分子链间的内摩擦把动能转换为热能,起到阻尼效果。一般在玻璃化转变温度附近,高分子链段可以充分运动,但又跟不上外界作用的频率,滞后现象严重,阻尼效果好,会出现一个内耗的极大值(图13)。通常我们说的高分子阻尼材料就是指玻璃化转变区与实际应用环境温度相重合的聚合物材料。显然,玻璃化转变温域越宽,内耗越大,高分子阻尼材料的减振降噪效果越好。

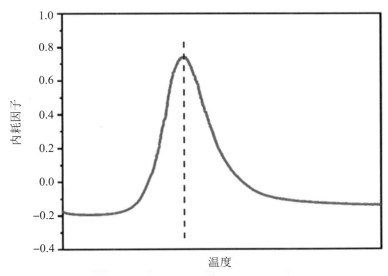

图13　高分子材料内耗因子与温度的关系

高分子阻尼材料。高分子阻尼材料发展至今主要有以下几类(图14):① 阻尼板/片。一般用作夹芯层材料,使用较多的有丁基、丙烯酸酯、聚硫、丁腈和硅橡胶、聚氨酯、聚氯乙烯和环氧树脂等,这类材料可以满足-50~200 ℃范围内的使用要求。② 阻尼泡沫。一般用作阻尼吸声材料,使用较多的有丁基橡胶和聚氨酯泡沫,通过控制泡孔大小、通孔或闭孔等方式达到阻尼吸声降噪的目的。③ 阻尼涂料。是由高分子树脂加入适量的填料以及辅助材料配制而成的,是一种可涂覆在各种金属板状结构表面上,具有减振、绝热和一定密封性能的特种涂料。④ 新型多功能阻尼复合材料。如压电阻尼材料,其通过引入具有压电特性的柔性压电材料,在振动作用下可将部分机械能转变为电能,再通过焦耳热的形式耗散掉,从而实现"机械能"转变为"电能"+"热能"的双重阻尼效果。

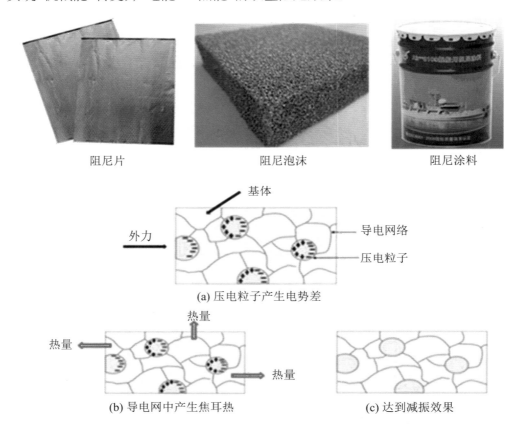

阻尼片　　　　　　　　阻尼泡沫　　　　　　　　阻尼涂料

(a) 压电粒子产生电势差

(b) 导电网中产生焦耳热　　　　　　　(c) 达到减振效果

压电阻尼复合材料

图14　高分子阻尼材料种类

阻尼材料设计。高分子阻尼材料一般模量都较低,不能单独作为工程结构材料使用,通常将其黏附在需要减振降噪的结构件上使用。根据阻尼材料与结构件的组合方式可分为自由阻尼结构和约束阻尼结构两类。自由阻尼结构简单,只需在结构件表面黏附一层高分子阻尼材料即可得到(图15(a)),其中高分子材料层也常称为自由阻尼层。当机械振动时,自由阻尼层发生动态弯曲,使材料产生拉伸与压缩的交变应力与应变,分子链发生摩擦以耗散动能,达到减振降噪效果。如果在上述结构中的自由阻尼层上再黏附一层刚性薄板作为约束层,就构成了约束阻尼结构(图15(b))。当产生机械振动时,约束层将会抑制阻尼层的拉伸与压缩运动,使其产生可以耗散更多能量的剪切应变,增强减振降噪效果。

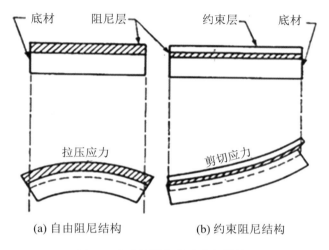

图15 自由阻尼和约束阻尼结构

阻尼材料应用。阻尼减振降噪技术广泛地应用于轨道交通、产业机械、建筑土木、家用电器、精密仪器和军事装备等领域(图16)。在轨道交通和汽车工业中,加装阻尼材料一方面可以衰减车体振动,降低声辐射,控制固体声;另一方面隔离外部噪声向车体内部传播,大幅提高了乘坐舒适性。在机械工业中,使用阻尼材料可以高效降低机械振动,实现安静、平稳地运转,不仅能提高工作效率,还能延长设备寿命。在建筑工程中,阻尼材料的应用一方面可以降低风振危害,另一方

图16 阻尼减振降噪应用领域

面可以使建筑物的固有周期与地震周期发生偏移,避免共振,保证人们的生命财产安全。在军事领域,大型舰船的推进器、传动部件和舱室隔板振动大、频率宽,高性能阻尼材料的应用可以大幅减轻船体振动和噪声,有效避开雷达和声呐的远程探测,提高舰船声的隐身性能。在航天航空工业中,阻尼材料主要用于制造火箭、导弹、喷气机等控制盘或陀螺仪的外壳,提高设备信息传输的精确性。特别地,火箭和导弹的双曲率惯性平台壳体,用芯部为阻尼材料、壳体为金属组成的夹层结构代替原有厚壁金属壳体,可以保持结构刚度基本不变,使基频响应放大倍数从40倍降低到8倍,重量减轻20%。

大气净化膜
——给空气洗个澡

刘　爽[*]

日益浑浊的空气

　　随着科技的进步,当今社会进入了一个飞速发展的时代。但随之而来的,大气污染也愈发严重,给人们的生活带来了许多困扰。你是否在无意中看过郊区工厂浓烟滚滚的大烟囱(图1)？石油化工企业生产过程中产生的废气排放到大气中,经常会携带SO_2、固体粉尘(PM2.5)等污染物。SO_2会在大气中游荡,经过一系列反应最终变为硫酸,随着雨水降落到河流、土地、生活区,最终毒害鱼虾、破坏植被、腐蚀建筑(图2)。

图1　大气污染物的排放

---

* 　刘爽,中国海洋大学。

图2 经历酸雨腐蚀前后的雕像对比

1943年,美国洛杉矶市出现了遮天蔽日的烟雾(图3)。受此影响,许多人出现眼睛发红、咽喉疼痛以及呼吸憋闷、头昏、头痛等症状。此后,在北美、日本、澳大利亚和欧洲部分地区也先后出现这种烟雾。这些烟雾是如何产生的? 当时的人们不得而知。经过漫长的调查研究,直到1958年,研究者才发现,洛杉矶光化学烟雾事件是由于该市拥有的250万辆汽车排气污染造成的,这些汽车每天消耗约1600 t汽油,向大气排放1000多t碳氢化合物和400多t氮氧化物。这些气体受阳光作用,发生化学反应(图4),从而酿成了危害人类的光化学烟雾事件。

图3 1943年洛杉矶光化学烟雾事件

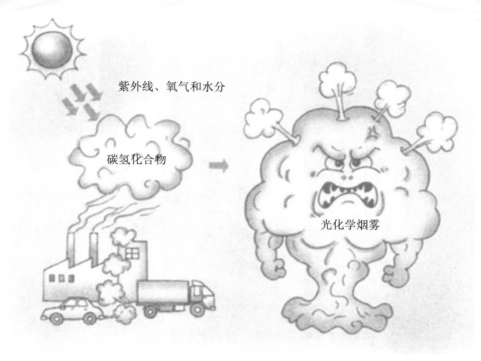

图4　光化学烟雾的形成示意图

　　社会经济在飞速发展,而上述种种大气污染问题,则成为制约人类社会发展无法逃避的因素之一。地球的自愈能力是有限的,人类在重污染环境下的适应能力也是有限的,大气环境治理已经迫在眉睫。而先进的膜技术则是解决这些难题、促进发展循环经济及和谐社会、形成绿色产业的较有效手段之一,正在受到全世界的普遍重视。发达国家将膜技术列入21世纪优先发展的高新技术,欧洲、美国、日本等国家和地区都投入巨资设专项进行开发研究。我国虽是一个发展中国家,从"六五"到"十二五"期间以及"836""973"计划都将膜技术列为重点项目,给予其高度重视。[1]

历史上的膜研究

　　膜在自然界中特别是在生物体内是广泛存在的,人类对膜现象的认识始于生物膜。早在1748年,法国人A. Nollet(图5)发现水通过猪膀胱的速度,比酒精通过猪膀胱的速度快,以此来分离水和酒精,这是第一个被人类记载的膜分离技术。但人类对膜现象的认识、模拟乃至对膜技术的开发和利用,经过了漫长而曲折的过程。直到19世纪中期,T. Graham发现气体扩散和透析理论,才使得人们对膜分离研究产生了兴趣,打破了人们对膜的研究仅限于生物体内半透膜的限制。1846年,Schonbein制成了人类历史上第一张半合成膜,即硝化纤维素膜。1896年,德国产生了微滤膜啤酒进化机(图6)。1950年,Juda等人成功研制了第一张具有实用价值的离子交换膜。1960年,Lobe和Sourirajan使用相转化法纺丝技术,制备了非对称反渗透膜,这项技术沿用至今仍广受欢迎。

图5　A. Nollet

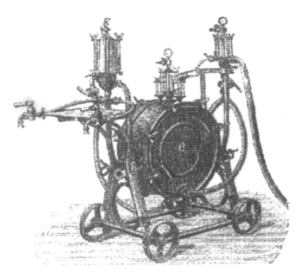

图6　最古老的微滤膜啤酒净化机

那么什么是膜技术呢?通俗地讲,就是将难以分离的混合物通过特殊的膜材料使得不同的物质分离开来,达到分离、纯化、富集的目的。例如,在化学实验中常见的过滤操作,就是通过滤纸这种常见的膜材料将固体和液体分离的;又如尿毒症患者由于毒素在体内积累,医生将其血液通过半透膜进行透析治疗,达到祛除毒素的目的。分离不同类型的物质所需的膜材料是不一样的,为此科学家们创造出了各种各样的膜材料,迄今为止已经硕果颇丰。依照膜的分离原理和应用范畴,膜可以分为微滤膜、超滤膜、纳滤膜、反渗透膜、渗透汽化膜、电渗析膜、透析膜、电池隔膜等。如此多的分类涉及的原理和应用遍布各个领域,难以一一详述。这里我们一起来了解其中一个十分重要的小分支,那就是与我们的生活息息相关的"空气净化膜"。

空气净化膜是什么?

顾名思义,"空气净化膜"就是用于净化空气的膜材料。那它究竟是什么样子的呢?你是否觉得它离我们十分遥远?其实它就在我们的身边。2020年,突如其来的新冠肺炎疫情让全世界都蒙上了一层阴霾,在钟南山院士的呼吁下中国人都自觉地戴上了口罩。口罩虽然蒙住了我们的脸,但它帮我们挡住了飘散在空气中的病毒,净化了吸入体内的空气。说到这里,大家应该都明白了,其实制造口罩的主要材料"熔喷布"就是咱们生活中最为常见的空气净化膜。除此之外,现代科技对仪器的精密度要求越来越高,对空气的洁净程度提出了新的要求,这也离不开空气净化膜的帮助。例如,在电影中经常能看到的"无尘实验室",就是这方面的代表。

空气净化膜的种类多样,性能也因制备方法、过滤原理的不同差异迥然。其中关于性能最重要的两个评判标准分别是:过滤效率和空气阻力。以我们这次疫情中最为常见的N95口罩和医用外科口罩为例进行对比。如图7所示,医用外科口罩由于孔隙较大,阻挡飞沫的能力相对弱一些,过滤效率比医用N95口罩差。但普通医用口罩也有自己的优势,那就是轻便、空气阻力小,利于呼吸。近年来,科技工作者在膜制备技术上不断突破,以求在过滤效率以及空气阻力两者之间找到平衡点,寻找到更为安全高效且透气性好的空气净化膜。

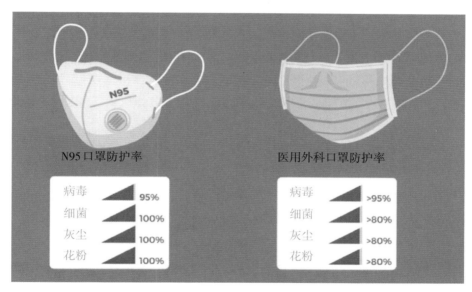

图7 N95口罩与医用外科口罩对比

空气净化膜是如何发挥作用的?

空气中的污染物种类极多,所以空气净化膜对这些污染物过滤的原理是不一样的。对于大粒径的污染物,物理过滤发挥了较大的作用。物理过滤主要通过扩散、拦截、重力和惯性的方式将污染物留在空气过滤膜内部。扩散效应是指小颗粒空气污染物的无规则运动,当污染物的尺寸越小,扩散作用则越明显。拦截效应是指污染物颗粒质量非常小的时候,当一定大小的污染物颗粒接近纤维直到二者距离小于颗粒物的直径时,污染物颗粒会被拦截在空气过滤膜内部。重力的作用是指污染物颗粒经过膜的网状结构时,因为重力掉落到网状结构里,只能在颗粒较大且气流较小的时候才能发挥作用。惯性效应是指一定速度的污染物颗粒由于惯性作用难以避开杂乱的纤维网络,从而撞击纤维表面而被拦截。惯性作用随着颗粒质量的增大而增大。[2]

对于小粒径的污染物,静电吸附、化学吸附和物理化学吸附发挥了较大的作用。静电吸附通过带电纤维和颗粒物之间的静电力除去过滤空气中的污染物。化学吸附主要通过基材的官能团实现。比方说,蛋白基空气净化膜在材料内部有大量暴露的官能团,这些官能团与化学气体有相互作用(如氢键、化学键反应等),通过这些作用可将污染物颗粒吸附于材料表面,提高了过滤效率。物理化学吸附主要通过纳米材料的高比表面积实现。

有学者研究了驻极体纤维以及其在空气净化膜上的应用。驻极体是一种持久极化的凝聚态物质,其材料内部存在永久的电极化现象。驻极体在空气过滤的过程中增强静电吸附,除原有的机械阻挡作用外,依靠库仑力直接吸引气相中的带电微粒并将其捕获,或诱导中性微粒产生极性再将其捕获,从而更有效地过滤气体载体相中的细小粒子,过滤效率无疑将大大增强,空气阻力却不会增加;并且驻极体中带有负电荷,同时还能起到抑制和杀灭病菌的作用。所以驻极体是一种过滤效率高、空气阻力小且具有抑杀细菌功能的新型过滤材料。如图8所示,驻极体纤维利用驻极体形成的电场对粒子进行静电捕集。[3]

空气净化膜对空气中的挥发性有机物质(VOCs)的去除大体上利用了光催化和吸附作用。一些半导体金属氧化物光催化材料被广泛地使用于空气净化膜的制备。Gao等人制备了TiO_2纳米纤维/活性炭纤维。作为非半导体的活性炭纤维不具有光催化活性,但是通过促进TiO_2的有序一维生长,阻碍电子–空穴复合,这样就可以改善光吸收性能和提高光催化性能了。吸附作用也是一种常用的去除VOCs的方式,且通常在室温下就能达到较高的去除率。活性炭纳米纤维膜(ACNF)是目前应用较广泛的一种吸附式除VOCs空气净化材料,由于其具有超高的比表面积(通常在1000 m^2/g左右),易于吸附更多的污染物。因此,大量研究致力于通过提高

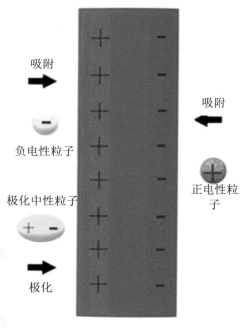

图8　驻极体纤维对颗粒的吸附

ACNF比表面积来提升其对VOCs的吸附量。[4]

空气净化膜的分类

膜分离技术因具备分离程度高,分离效果好,能够在常温操作等优点而被工业气体分离领域广泛应用。其中膜材料是膜分离技术的核心,空气净化膜材料根据成分组成可以分为有机聚合物薄膜、无机物薄膜和混合基质膜三大类。

1.有机聚合物薄膜

有机聚合物薄膜是由聚合物或高分子材料制备而成的膜材料(图9)。与变压吸附、低温蒸馏等不同的传统分离工艺相比,有机聚合物薄膜进行气体分离具有制造容易、分离效率高、小范围使用成本较低以及绿色环保等优点。气体分子根据溶液扩散机制通过致密有机聚合物薄膜,再根据聚合物与单个气体分子之间的相互作用达到气体分离。

图9　有机聚合物薄膜分子结构示意图

芳香族聚酰胺被认为是高性能材料,因为其具有优异的热和机械性能,耐溶剂和耐化学性,高耐磨性和良好的成膜能力。聚酰胺膜在基于膜的气体分离应用中取得进步,因此在技术生产中的重要性不断提高。将聚酰胺与无机填料颗粒混合以制备混合基质膜。这种方法将有效地利用聚酰胺的强度、稳定性和渗透效率以及无机填料的更好的选择性。

2.无机物薄膜

无机物薄膜是以无机材料为分离介质制成的具有分离功能的渗透膜,如陶瓷膜、金属膜、合金膜、分子筛复合膜、沸石膜和玻璃膜等。它具有化学稳定性好、耐高温和分离效率高等特点。无机物薄膜技术现在已经趋于成熟,应用扩展至食品工业、化学工业、石油化工等领域。

陶瓷膜是以多孔陶瓷材料为介质制成的具有分离功能的渗透膜。由于陶瓷膜孔径一般大于 5 nm,不适合对气体分子进行分离吸收,经常用于分离处理不同液体。沸石膜不仅具有无机膜所拥有的特性,而且还具有沸石分子筛固有的孔道结构和结构种类的多样性,但是难以制备出大面积膜材料。炭膜是一种分子筛型的分离膜(图10),具有化学稳定性好、耐高温、机械强度高、抗微生物能力强等优点。由于碳基质较强的吸附性能,部分气体在膜表面优先产生吸附和表面扩散,进而实现分离。

图10 炭膜分子结构示意图

3. 混合基质膜

混合基质膜是净化膜技术最重要的进步。混合基质膜由无机材料和有机物混合组成。由于聚合基质和填充物之间的潜在协同作用,它在渗透性、选择性方面表现出非常好的性能。

由于混合基质膜的制备涉及两种具有不同物理化学性质的材料的复合,混合基质膜有望改善材料的机械性能,具有比有机聚合物膜材料更好的分离能力和稳定性。制备主要采用对聚合物分子链或无机材料表面化学改性,来改善两者之间的界面相容性以确保聚合物与填料之间的良好界面结合性能,从而获得高性能的混合基质膜。有科研人员在混合基质膜中引入多孔纳米材料进行 CO_2 分离的研究中取得很大进展。

空气净化膜的未来展望

空气净化技术的种类繁多,适用范围不同,包括等离子体净化法、介质过滤法等。其中最主要的空气净化方法是通过介质过滤法除去空气中的颗粒、细菌以及其他有害物质。一般来说,介质过滤法所使用的介质主要包括纤维、膜两大类,其中空气净化膜根据其使用材料的不同,可以分为有机膜和无机膜两大类。[6]

膜分离技术作为一种新型的分离技术,近些年得到了飞速的发展。针对不同的净化要求,可以选择不同的膜材料和膜结构,用于空气中颗粒、病菌等固态杂质以及 CO_2、H_2O、有害气体等其他形态杂质的脱除。相对于传统的空气净化技术,膜分离技术具有过滤效果好、设备简单紧凑、高效低能耗等优点,在空气净化领域的应用愈加广泛。但是随着时代的发展,空气净化膜材料也表现出了一些不足之处,针对这些问题,科学家们又对膜材料进行了许多改进,使其可以面对不断出现的新挑战。

例如,在有些情况下,待净化的空气中存在油性污染物,或是高湿体系,其中油性成分容易黏附在膜材料表面,导致膜材料过滤性能急剧降低,使用寿命大幅缩短;而高湿体系中,由于外部空气存在冷却作用,导致结露,已经捕获的颗粒物会在膜表面结垢。针对这些问题,科学家们研发了双疏膜。这种膜材料具有良好的疏水、疏油性能(图11),表面不易附着污染物,在面对油性或高湿体系时具有巨大的优势。双疏膜材料制备的关键是如何引入低表面能的介质,从而实现材料的双疏性能。现在主要存在的方法有表面接枝法、浸涂法、气相沉积法等。[7]双疏膜技术已经有多年的发展和研究,但是由于空气净化膜对材料微孔结构、孔隙率、气体通量等众多参数有较高的要求,所以双疏表面的构建仍然存在较大的挑战。在未来的时间里,双疏膜技术将会继续发展,解决旧问题,直面新问题,而且将会从工业领域扩展到民用领域,更好地造福人类。

再比如,现存的空气净化膜技术中,有机膜占据了绝大部分,但是无机膜在某些领域表现出了优异的性能,具有很高的研究价值。传统的有机膜力学性能差,使用寿命短,更换频繁,生产成本和使用成本都较高。在这种情况下,陶瓷膜和石墨烯膜等无机膜就表现出了很大的优势。两者的化学稳定性好,耐酸碱和各种有机物质;热稳定性好,不惧冷热;力学性能好,耐磨坚韧。总体而言,使用这些无机膜材料可以极大地减少膜材料的更换频率,降低使用成本。科学家们在无机膜用于空气净化的研究中已经取得了一定的进展,但是无机膜在微孔结构控制工艺方面仍需继续改进,与空气污染物的作用机制研究也还不够深入,所以无机膜空气净化技术仍存在不少亟待解决的问题。

图11 承露的荷叶

荷叶表面是一种典型的疏水表面,滴落在荷叶上的水会形成水珠且不会沾湿叶片。与之同理,油性物质滴落在疏油表面时,也会呈现珠状,且不会浸湿材料表面。

总的来说,空气净化膜材料的发展极大地丰富了空气净化手段,为空气污染治理和生产生活带来了巨大的便利。但是,空气净化膜技术仍存在许多不足之处,未来该项技术将继续向高效、环保、低成本的方向前进,以求取得更大的突破,从而更好地保护环境,促进生产,方便生活,造福人类。

参 考 文 献

[1] 陈翠仙,郭红霞,秦培勇.膜分离[M].北京:化学工业出版社,2017.

[2] 范鑫.橘渣细菌纤维素的制备及空气净化膜的构建与性能研究[D].武汉:华中农业大学,2019.

[3] 张维,刘伟伟,崔淑玲.驻极体纤维的生产及其应用概述[J].非织造布,2009,17(3):27-29.

[4] 胡敏,仲兆祥,邢卫红.纳米纤维膜在空气净化中的应用研究进展[J].化工进展,2018,37(4):108-116.

[5] 辛清萍,梁晴晴,李旭,等.膜分离技术高效脱硫脱碳研究进展[J].膜科学与技术,2020,40(1):322-327.

[6] 贾金才.膜分离法空气净化的应用与研究进展[J].深冷技术,2011(4):33-38.

[7] 朱肖,冯厦厦,仲兆祥,等.用于空气净化的双疏膜制备及应用进展[J].化工学报,2021,72(1):71-85.

光反射膜
——显示照明的节能好帮手

王　丹　周玉波*

　　当你打开电视、电脑、手机等电子显示产品,是否有过这样的疑惑:是什么样的神奇材料和器件结构,把看不见、听不到、闻不着、摸不得的电能,转化成了眼前色彩斑斓、形象生动的视频信息?

　　视觉一直占据人类感官世界的主导地位,人眼看到的世界全是光的集成。自19世纪中期人类进入电器时代以来,基于电子-光子转化的照明和显示技术产品快速发展(图1):电力照明经历了白炽灯、卤素灯、荧光灯到半导体发光二极管(LED)的新一代固态照明,显示技术的发展经历了阴极射线管、等离子显示、液晶显示到基于有机发光二极管(OLED)的新型显示技术。电视机利用电子技术将不可感知的电信号信息变成可感知光信号进行呈现,是较早进入百姓家庭的电子显示产品。早期电视机概念和技术的发展可追溯到1883年。23岁的俄裔德国科学家保尔·尼普可夫提出通过扫描将光学图像分解为像素并转变为电信号进行传输的思想,设计了一种被称为"尼普可夫圆盘"的光电机械扫描装置,是电视技术发展的基础。20世纪20年代,英国发明家约翰·贝尔德发明了世界上第一台利用机械扫描摄取图像并传输动态图像的电视机,然而机械电视传播信号的距离和范围非常有限,图像也相当粗糙,无法显示精细的画面。20世纪30年代,美籍苏联裔科学家兹沃里金研制成功了现代电视机的雏形——光电摄像管和显像管,其关键是在摄像管的板上淀积了铯-银微粒所组成的光敏涂层。20世纪50年代,科学家成功地把三基色原理运用到电视设计中,给荧光屏涂上了三种荧光物质,这些荧光物质受到电子束轰击时便分别产生红、绿、蓝三色荧光,从而制成了彩色电视

＊　王丹,北京化工大学有机无机复合材料国家重点实验室;周玉波,宁波长阳科技股份有限公司尖端材料研究院。

机。这类电视机的核心部件包括阴极射线管(CRT)和荧光屏,主要工作原理是通过电子枪发射电子束,利用电磁立场对电子束的偏转作用控制电子的方向来轰击荧光屏上的荧光粉,从而产生图像。由于阴极射线管的存在,受显像管结构的限制,CRT电视难以实现超大屏、轻便、节能。20世纪70年代,日本夏普公司制造了世界上第一台液晶显示器(LCD),因其具有工作电压低、功耗小、分辨率高、抗干扰性好、成本较低等优点,已取代CRT显示成为当前平板显示器的主流产品。在LCD不断发展的同时,出现了等离子体电视、有机发光二极管显示以及量子点显示(QLED)等技术产品,但总体而言,从技术成熟度和市场增长潜力看,在很长的一段时间内LCD仍会是显示的主力军。

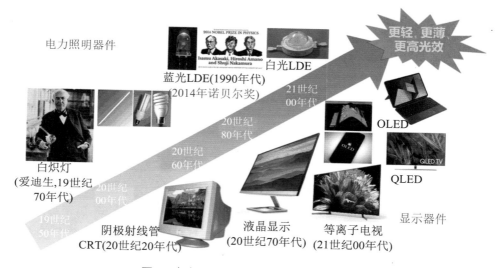

图1 电力照明与显示器件简明发展历程

光反射膜

液晶是一类介于固态和液态之间的物质,是具有规则性分子排列的有机化合物,加热时呈现透明状的液体状态,冷却后出现结晶颗粒的混浊固体状态。液晶显示的基本结构如图2所示,主要包括偏光片、滤光片、电极、液晶层、薄膜晶体管和背光层。液晶显示器件工作时,白光从背光层发出,穿过彩色滤光片而获得对应颜色的光线,施加电压时,正极、负极构成的回路贯通整个器件,液晶受电压影响发生偏转,不同电压导致了不同的偏转角度,进而控制了不同颜色的光亮度,最终混合得到不同的颜色。由于液晶面板中的液晶本身不发光,因此必须通过后置光源达到显示效果,背光层模组即充当液晶面板后置光源的角色。通常情况下,背光模组主要包含反射膜、扩散膜、增亮膜、光源和导光板等元器件,其中各类光功能膜是背光模组中的关键组件,共同保证了液晶器件的高性能化。光反射膜是液晶显示的关键光学膜之一,它位于背光模组的最底层,主要作用是将光源发出的光线反射至背光模组的出光方向,提高光线利用率,降低光损耗,以提高背光模组的亮度,对于液晶显示器件的节能降耗具有重要作用。那么,光反射膜是如何发挥作用的呢?

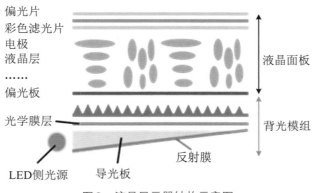

图2 液晶显示器结构示意图

光的反射是一种常见的光学现象,指的是光在传播到不同物质时,在分界面上改变传播方向又返回原来物质中的现象,其物理本质是光波与组成物质的原子分子发生相互作用导致其传播方向的改变、相位及偏振变化,以及能量和能流的重新分配。光遇到水面、玻璃以及其他许多物体的表面都会发生反射,并遵循光的反射定律,即反射光线与入射光线与法线在同一平面上,反射光线和入射光线分居在法线的两侧,反射角等于入射角。宏观来看,平行光线射到光滑表面上时反射光线也是平行的,叫作镜面反射;平行光线射到凹凸不平的表面上,反射光线射向各个方向,叫作漫反射(图3)。

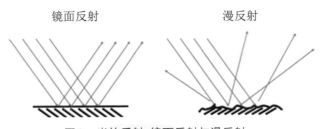

图3 光的反射:镜面反射与漫反射

光反射膜,就是通过在材料表面或内部构筑特殊的结构,起到增强光反射的作用,主要可分为金属反射膜和白色反射膜(图4)。金属反射膜主要是增强镜面反射,其结构主要是表面涂有金属涂层(如金、银、铜等)的聚合物复合薄膜,能够呈现出较高的反射率(可达99%以上),缺点是价格昂贵,目前主要应用于对价格不敏感的手机等中小尺寸的背光模组中。白色反射膜主要是增强漫反射膜,通过在聚合物树脂中构筑大量的泡孔,获得丰富的光反射的微界面,实现材料发射的高性能化。相较于金属反射膜而言,白色反射膜的加工性能好、成本低,已广泛应用于电视、显示器、笔记本电脑、平板等各种尺寸的液晶显示器中。

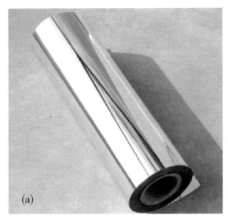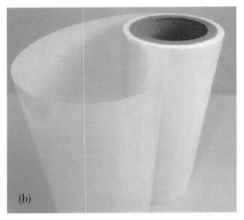

图4 (a) 金属反射膜;(b) 白色反射膜

白色反射膜

理想的白色反射膜产品既需要具有高的反射率,也需要具有良好的机械性能,以满足器件应用的需求。根据材质的不同,主要有聚对苯二甲酸乙二醇酯(PET)反射膜和聚丙烯(PP)反射膜。以白色PET反射膜制备为例,其制备原理是通过在PET基材中添加不相容树脂或粒子,经过拉伸(例如双向拉伸技术)形成泡径大小不一的微细泡结构,这些微气泡可以起到散射光的作用,使透明的PET薄膜白色化,成为白色薄膜。这种白色薄膜芯层填加的添加剂,既有无机的颗粒,也有有机的颗粒,所添加的材料经过了表面处理,有的成分和PET的相容性好,如无机颗粒二氧化钛、碳酸钙、硫酸钡、三氧化铝和二氧化硅等,颗粒的粒径从纳米到微米不等,在薄膜中起遮光的作用,同时在材料的拉伸过程中,在颗粒周围会产生少量微粒空穴,也能起到阻光和折射、反射的作用。有的添加剂和PET相容性不好,如聚甲基戊烯、聚苯乙烯或聚丙烯等,主要起到相分离作用,也是产生空穴的主要诱因。为了进一步增强反射膜的综合性能,可以在反射膜表面涂布功能层,通过优化复合胶水配方,添加粒径不同的粒子,所制备的涂布反射膜具有抗刮伤、抗顶白的优点。

在实际制造过程中,非涂布反射膜主要是通过多层共挤及双向拉伸技术形成多层结构,其工艺生产的流程包括铸片、纵向拉伸、横向拉伸、厚度测试、电晕、在线检测、收卷、大母卷和分卷(图5)。

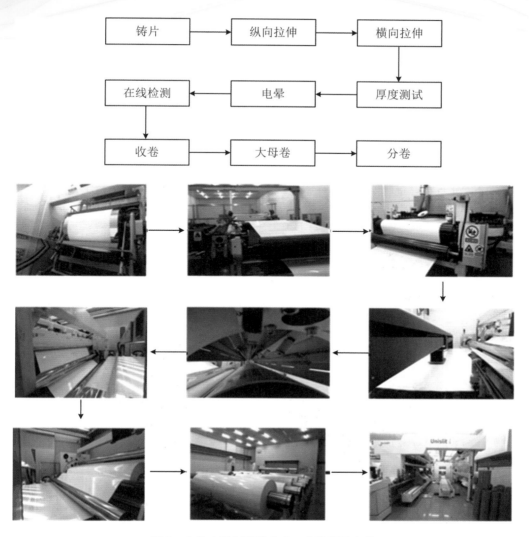

图5 非涂布反射膜的生产工艺流程及产线

（1）铸片：将聚酯切片和各类功能母粒分别投入相对应的料仓，之后按设计的配方比例下料混合均匀，待结晶干燥后再高温熔融经过滤器，去除原料中的微量杂质，经急速冷却，形成较厚铸片。

（2）纵向拉伸：将得到的铸片在线进行纵向拉伸，主要调节薄膜前后牵引辊的转速比，转速比需根据薄膜的力学性能特点和产品物性要求去设定。

（3）横向拉伸：主要通过横拉链条，将纵向拉伸的薄膜引至横拉轨道，拓宽膜面的横向宽幅，实现横向拉伸。纵向拉伸和横向拉伸，即所谓的双向拉伸，为生产环节最关键的步骤之一，在拉伸之后往往还有一段热定型处理区，用于消除薄膜内部由拉伸而产生的内应力，提高产品的热稳定性。

（4）厚度测试：采用精度很高的非接触式测厚仪和反馈控制系统自动检测。

（5）电晕：使薄膜穿过放电场，改变其表面引力特征。

（6）在线检测：通过生产线的观察室实时检测成品流转过程的质量情况。

（7）收卷：生产线可以自动收卷，特定米数收卷完成后可自动换卷。

（8）大母卷：薄膜按米数收卷成大的母卷，才收卷后的母卷进行编码。

（9）分卷：以客户所需宽幅进行分切。

对于涂布反射膜产品，其工艺生产的流程包括放卷、涂布、烘干、收卷、熟化等过程（图6）。

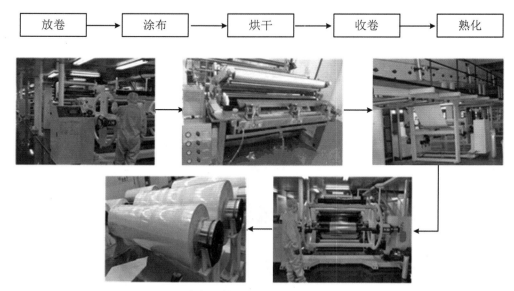

图6　涂布反射膜的生产工艺流程及产线

（1）放卷：安放在放卷装置上的卷材经过辊牵出，自动纠偏后进入浮辊张力系统，调整放卷张力后进入涂布系统。

（2）涂布：通过滚轴设置将预先调配好的配方溶液均匀涂抹在已进行表面处理的反射膜上。

（3）烘干：将涂抹了配方溶液的涂布反射膜半成品通过排列成拱形的烘干通道进行烘干。

（4）收卷：将成品收束成卷，卷轴需用抛光纸卷，用板材固定两端。

（5）熟化：收卷后膜卷静置一段时间，经过一个熟化过程，主要是促进涂层中的化学物质进一步反应，有助于熟化后涂层的硬度和剥离性能的提升。

经过上述工艺流程，获得的光反射膜产品的反射率在98%以上，用于液晶显示等循环增亮系统中，可以减少循环光每次在反射时的损失，提升液晶显示的能量利用效率。

除此之外，白色光反射膜在半导体照明领域也发挥了重要作用。半导体照明又称固态照明,通常是指采用发光二极管(LED)作为光源的照明技术。与使用传统电灯泡或日光灯等光源的照明技术相比,半导体照明具有耗电量少、寿命长、色彩丰富等特点,是照明领域的一场技术革命。伴随着LED照明技术的不断发展和成熟,LED面板灯已逐渐取代传统格栅,广泛应用于办公及家居等场所。半导体照明用反射膜是高端LED面板灯的重要组成部分,主要用途是将从导光板漏出的光线再反射回出光面,从而提高光利用率,达到节能、增亮的作用。照明用反射膜的结构与液晶显示用反射膜的结构类似,均是通过多层共挤技术形成的ABA型三层结构。由于LED面板灯的结构紧密,易造成局部过热,因此半导体照明用反射膜比液晶显示用反射膜要求具有更低的热收缩性和更高的挺度。传统的LED面板灯结构中往往需要使用泡沫垫棉及背板,从而起到固定反射膜的作用。随着面板灯组装自动化的普及,替代多张板材的复合膜越来越受到面板灯客户的欢迎。图7展示了一种多层复合反射板,最上层是涂布反射层,中间黏着层用于黏结涂布反射层和聚酯补强层,下层是遮光层和补强层,遮光层主要用于阻水,其中补强层可选择具有阻燃、阻隔水汽、高耐候、抗紫外线等各类性能,以满足不同照明场景对器件性能的需求。

粒子涂布型反射层

高性能黏着层

PET补强层

金属溅镀遮光层

图7 LED照明用多层复合反射板示意图

展　　望

近年来,随着显示与照明产品的不断推陈出新,以及与5G、大数据、人工智能等信息技术的融合发展,电子显示与照明器件已成为人类生活中的重要组成部分。现代照明与显示产品高性能化的关键,就是通过材料与器件的集成创新,实现分子到纳微尺度至宏观尺度电子–光子转换过程的最优化,从而给用户带来更加优良的视觉体验。反射膜作为显示照明器件节能降耗、提质增效的重要帮手,用于液晶显示器背光模组中,可以减少循环光每次在反射时的损失,提升液晶显示的能量利用效率。总之,若想实现新一代照明显示的高效节能,反射膜的功劳必不可少。

参 考 文 献

[1]　毕一鸣.世界广播电视发展史:视听传媒的历史变迁[M].北京:中国广播电视出版社,2010.

[2]　孙士祥.液晶显示技术[M].北京:化学工业出版社,2013.

[3]　波恩.光学原理[M].7版.北京:电子工业出版社,2006.

[4]　何相磊,蒲源,王丹,等.半导体照明用有机无机纳米复合封装胶材料研究进展[J].中国材料进展,2019,38(10):1017-1022.

海水淡化膜
——让世界不再"缺水"

刘 爽[*]

日益稀缺的淡水资源

　　蓝天下,一排排乳白色的海水淡化处理罐巍然矗立。不远处,淡蓝的海水正汩汩流入海水淡化预处理池;去除杂质之后的海水随即被送入蒸馏罐进行处理……最终,清澈的淡水从阀门喷涌而出,并由管道加压后送往远在几百千米外的城市和乡村,这些被淡化的海水可以缓解我国淡水资源稀少的困境。尽管地球上的储备水量相当丰富,但是海水这样的非淡水资源占据了绝大部分。如果把地球的总水量平均分成100份,海水大约占97份,并且在仅剩的3份淡水中,冰又占了2份(图1),所以人们能利用的淡水还不到地球总水量的1%。我国淡水资源稀少且分布不均匀,尤其是近十年来年降雨量逐年减少、环境污染加剧,淡水资源出现了被污染的现象,使得我国水资源短缺,这是我们这个时代较为严峻的全球性挑战之一。

　　目前,世界上超过三分之一的人生活在缺水的国家,人口不断增长、工业化和可用淡水资源污染使得安全的饮用水变得更加稀少。与此同时,人们越来越认识到充足的水资源带来的广泛的社会和生态效益,这促使人们寻求解决水资源短缺的技术方法。为了缓解供水压力,一方面需要节约用水,但节约用水只能改善现有水资源的利用,而不能增加水资源,增加水供应的唯一方法是海水淡化和水的再利用。

---

* 刘爽,中国海洋大学。

图1　南极的冰盖

1. 海水的成分

我们知道,海水的味道是非常咸且苦涩的,这是因为海水里面含有大量的盐以及多种元素。若从海里取一杯水,然后将其倒入锅中,熬煮至海水变干,最后剩下的白色颗粒(图2)就像极了我们平时使用的食盐。我们平时用的盐指的是NaCl,但这并不是海水中唯一含有的盐类,海水中还存在大量的钠盐、钾盐和镁盐等盐类以及多种矿物质。当然其中含有的很多元素是人体所需要的,但是海水中的各种元素含量实在是太高了。如果大量饮用海水,各种矿物质随着海水进入我们的肠胃之后,会导致某些元素过量进入人体,影响人体正常的生理功能,导致人体脱水,严重的还会中毒。

图2　海水中溶解的盐分

2．为什么海水中含有盐？

海水最初与江河的水一样也是淡水,但每年有数以亿吨的水分从海洋的表面蒸发掉,变成雨降落到陆地上的每个角落。它们潺潺而流,不断地破坏岩石,冲刷土壤,把岩石中的可溶性物质(绝大部分是盐类物质)带入江河中。最后,江河百川归大海,水又回到了海洋。水就像图3所示的通过蒸发、凝结、降水不断地循环着,海洋源源不断地从陆地上得到盐类物质,而在海水的蒸发过程中,所收入的盐类却又不能随水蒸气升空,只能滞留在海洋里,如此日积月累,海洋中的盐类越积越多,经过几百万年甚至更久,海水中积累起来的盐分就十分可观了。

由于海水与饮用水的差别巨大,海水的净化以及淡化都面临巨大的困难。一方面,溶解在水里的盐分非常稳定,难以分离;另一方面,由于人们的日常生活和工业污染对海洋环境造成了很大的伤害,海水中的"毒素"种类已经不计其数了,这为海水淡化带来了很大的难题。

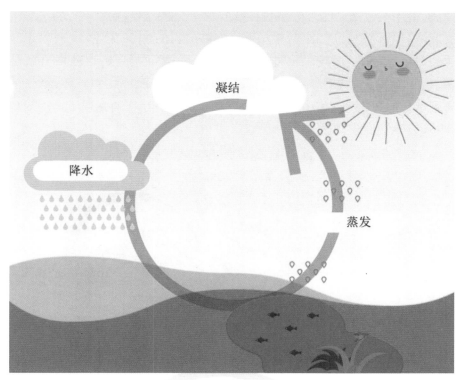

图3　水循环过程

如何让海水变"咸"为"淡"?

现在,我们已经对海水有了初步的了解,也知道了为什么海水不能直接作为饮用水供人们饮用,那么如何让如此"咸"的海水变"淡"就成了科学家们急需解决的问题。海水淡化看似简单，即把咸水中的盐类物质与淡水分开，不过时至今日，海水淡化的方法已发展出了数百种，生产的淡水也风味各异，但既能达到高效又能实现节能的方法屈指可数。海水淡化的成本是人们最关心的问题，也是制约海水淡化大规模应用的瓶颈。

1．海水淡化方法

最初的海水淡化方法主要有两大类：一类是蒸馏法，将水蒸发而盐留下，水蒸气再在较低温度下冷凝成液态淡水；另一类是冷冻法，顾名思义，就是使海水冷冻结冰，在液态淡水结冰时把盐分离出去。尽管理论上是可行的，但这两类方法都有难以解决的问题。蒸馏法虽然能得到较纯的淡水，但需要消耗大量能量为液体升温，且盛有海水的仪器中产生的锅垢很难清理，需要投入更多的维护成本，显然得不偿失；冷冻法的能量消耗同样很大，其生产的淡水往往由于味道不佳难以饮用。随着科技的进步，海水淡化方法也逐步优化，目前全球海水淡化方法可以分为蒸馏法、溶剂萃取法、膜方法、水合物法和离子交换法等。

蒸馏法。我们都知道，常温常压下，水的温度达到100 ℃就会沸腾，也就是所谓的水烧开了。如图4所示，此时水壶便会冒出白色的雾气，这些白雾就是水蒸气。将混合液置于容器中加热，受热后的液体部分由液体变为气体，产生的蒸汽上升遇到低温便会冷凝成液体，最后将这些液体收集起来就完成了一次简单的蒸馏，也叫单级蒸馏操作。

图4 水烧开的水壶

目前，优化过后的通过蒸馏获取淡水的方法大规模使用的蒸馏设备为多级闪蒸馏。即当水蒸气冷凝成水时热量会被放出，当水蒸发时需要吸收热量，若将前者的热量收集起来为后者所利用，就实现了闪急蒸馏。另外，利用液体的沸点随着压力降低而降低的特点,将闪蒸室逐个连接起来,使内部压力逐级降低。这样一来,海水从高压闪蒸室流向低压闪蒸室时,部分水得以蒸发,这些水既能最终被利用,其冷凝释放的热量又能为下一级闪蒸室水蒸发所用,一举两得。[1]如图5所示,每一个闪蒸室就叫作一级,设置多个闪蒸室的海水淡化法就是多级闪蒸法。

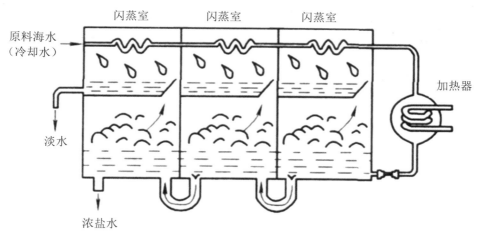

图5　多级闪蒸原理示意图[2]

从蒸馏法的过程不难看出,闪蒸法结构简单,效率较高,发展时间长,目前工艺已相当成熟。尽管已经将热量高效利用起来,但提供热能仍是需要消耗大量能量的,这种方法适用于有热源或电源的场所。

膜方法。要了解膜法海水淡化,首先要知道什么是半透膜。半透膜是可以让小分子物质通过而大分子物质不能通过的一类薄膜的总称。就像纱窗一样,细小的沙尘可以"自由出入",但像纸团等较大的东西却会被挡住。当半透膜两侧的溶液浓度不同时,水分子或其他溶剂分子会透过半透膜从低浓度向高浓度溶液扩散,产生渗透作用,使得两侧溶液浓度越来越接近。

成熟的红细胞由细胞膜和内部的细胞质组成,细胞膜是一种典型的半透膜,如图6所示,当外界溶液的浓度比细胞质的浓度高时,细胞失水皱缩;当外界溶液的浓度比细胞质的浓度低时,细胞吸水膨胀;当外界溶液的浓度与细胞质的浓度相同时,水分子(H_2O)进出细胞处于动态平衡。

电渗析法是膜方法的一种,电渗析用直流电将浓盐水与淡水分离,从而得到淡水。由于渗透过程与溶液浓度差大小有关,浓度差越大,渗透的速度越快,所以浓度差为渗透提供了动力。单纯依靠浓度差的渗透效率是很低的,人们发现,如果在膜两边外加一个直流电场,渗透速度会大大加快。这是由于液体中的电解质离子在直流电作用下会迅速穿过隔膜,这就是电渗析的原理。[1]

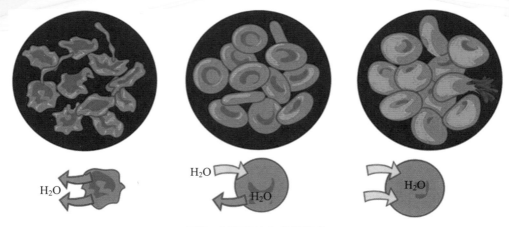

图6　红细胞的失水与吸水

反渗透法也属于膜方法的一种,常见的溶液包含溶剂和溶质两部分,在不加外力的条件下,会出现低浓度溶液的溶剂向高浓度溶液渗透的倾向,此时低浓度溶液的液面不断下降,而高浓度溶液由于溶剂增多使得液面不断升高从而产生一定的渗透压,倾向越大,渗透压越大。[3]这个渗透压最终会与高浓度溶液液面升高产生的压力抵消,从而达到动态平衡。若在高浓度溶液一侧施加压力,则会抵消一部分渗透压,当施加的压力超过了渗透压时,便会出现图7这样神奇的"反渗透",即高浓度溶液的溶剂能向低浓度溶液一侧渗透。

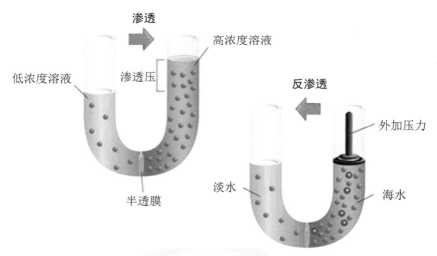

图7　反渗透示意图

由于海水含盐高,若将海水与淡水用半透膜隔开,淡水在自然状态下会有向海水渗透的趋势,利用反渗透法,对海水一侧施加压力,就会使得海水中的溶剂(即淡水)渗透到淡水一侧,而盐会被隔膜阻挡于海水中,从而得到淡水。反渗透法工艺设备简单,建设规模可大可小,并且生产相同质量的淡水能耗仅为蒸馏法的1/40,因此应用广泛,发展迅速。

2．反渗透膜分类

反渗透膜按操作压力可分为高压反渗透膜、中低压反渗透膜、超低压反渗透膜;按形态结构可分为非对称和复合反渗透膜两类。高压反渗透膜主要用于海水淡化;低压反渗透膜多为复合膜,主要用于低含盐量的苦咸水脱盐,电子、制药工业的高纯水生产、饮用水生产等。

非对称膜由一层极薄的致密分离层(分离作用)和多孔支撑层(支撑表面活性层)组成,两者为同一种材料,通过相转化过程形成。复合膜通常是在高孔隙率的支撑膜表面界面聚合一层致密分离层,分离层和支撑层为两种不同的材料,可以针对不同要求分别进行优化使膜整体性能达到最优。[4] 图8所示的是一种复合膜,它的分离层是极薄(~100 nm)的聚酰胺层薄膜,支撑层由另一种材料聚砜构成,有良好的水渗透性。水和盐可以通过这种膜进行传输,其中物质首先分配到聚酰胺层中,然后从浓度比较高的地方向浓度比较低的地方扩散,达到分离水和盐的目的。在过去的几十年中,复合膜的制造和性能已经得到了很大的改善,今天,几乎所有的反渗透脱盐操作都使用这种膜。

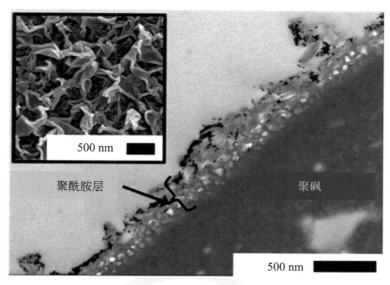

图8　聚酰胺选择性层薄膜复合膜[5]

目前,世界上近七成的海水淡化装置采用了反渗透技术,我国已建和在建的海水淡化装置中采用反渗透技术的也达到了约65%。预计反渗透技术将是21世纪海水淡化的主要方法。

大规模的海水淡化如何实现?

实际上,一个大型的海水淡化项目往往是一个非常复杂的系统工程。早期的大规模海水淡化厂主要在一些干旱的海湾国家,他们将海水加热,再把蒸发的水冷凝用来生产淡水。但这种方法会消耗大量热能和电能,会导致大量温室气体排放。因此目前建造的绝大多数海水淡化厂以及未来规划的设施都基于上文提到的反渗透技术,海水通过半透膜加压,半透膜让水通过,但保留盐分。在反渗透系统中,主要能量消耗在传送海水使用的高压泵上,海水中的盐浓度越高,所需的压力和能量就越大。比起其他淡水系统,反渗透是最节能的海水淡化技术,也是任何新的海水淡化技术的比较基准。

如图9所示,在大规模的反渗透海水淡化过程中,一般要经历海水抽提、预处理、反渗透、后处理以及浓盐水排放这几个步骤,每个步骤都有其专属的作用,最后将得到的淡水通往需要的地方。

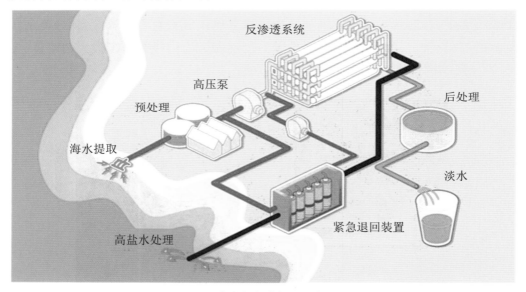

图9　反渗透海水淡化厂的流程图[6]

反渗透海水淡化厂的水源有从海滩井中获取的地下水和从开放式海水取水的地表水。地下水可以通过沙子等有一个自然过滤的过程,使地表水中的杂质在一定程度上被去除。虽然地下水相对更加"干净",但依然存在许多污染物,同时量也不如地表水多,因此在进入正式淡化过程前,两种水源都需要"洗洗澡",进行预处理来加入一些添加剂使悬浮在海水中的污染物沉淀下来,再通过过滤得到相对干净的水源,这些添加剂就好像我们平时洗澡使用的沐浴液。

"洗完澡"后的海水就可以进入反渗透系统开始"变身"了,"变身"结束得到的淡水盐度并不是固定的,还要再进行后处理才能被分配到各处,这时人们会根据所得渗透液的总盐度,和另一种水混合,以增加或降低盐度,达到使用所需要求。如同大家平时结束洗漱要外出前,还要根据外出目的、天气温度等选择合适的衣服。最后剩下的高浓度盐水经过处理又重新回到大海。

经历过这些步骤,变身成功的淡水将会顺着各种泵和管道去往能发挥它们作用的地方,有效缓解用水压力。

海水淡化膜未来发展方向

尽管海水淡化膜缓解了淡水使用压力,但也存在几个问题。一是海水淡化厂的主要能源来自热电能,大量使用会导致空气污染物和温室气体的排放,加重温室效应、导致气温升高,进而导致海平面上升、气候不稳定、威胁动物生存等问题(图10)。另一个主要问题是设备在海洋中提取海水时,会有海洋生物的撞击和附着夹带,撞击可能会加快设备的损坏速度,夹带可能会杀死大量幼小海洋生物。对于海洋生物问题,大型海水淡化厂通常通过在开放式表面进水口添加适当的滤网,降低进水速度,可以最大限度地减少大型生物的冲击。幼小海洋生物(如幼虫、卵)的夹带可通过将取水口设在远离生物生产区的地方,如离岸更远的深水中,或通过使用地下海滩井而大大减少或消除。在可能的情况下,对于较大的电厂,还应考虑海水淡化厂和发电厂的共存。如果来自发电厂废弃的冷却水可以用来初步稀释作为水源的海水,从而使夹带和冲击的影响最小化。

图10 温室效应产生的影响

为了避免高盐度盐水的影响,海水淡化厂的盐水可以用其他污水稀释,如电厂冷却水和处理过的废水。利用正渗透与反渗透联合使用的集成系统,正渗透可以帮助最重要的反渗透膜更高效地进行淡化。海水淡化的前期(图11(a))使用正渗透膜利用污水对海水进行稀释,降低海水的盐度,进而降低淡化能耗,同时回收污水中的淡水;中期(图11(b))使用污水对反渗透产出的浓盐水进行稀释,以降低浓盐水对海洋环境的破坏,实现对浓盐水的再利用;后期(图11(c))利用正渗透过程对反渗透膜进行清洗,用以恢复反渗透膜的性能,延长其使用寿命。

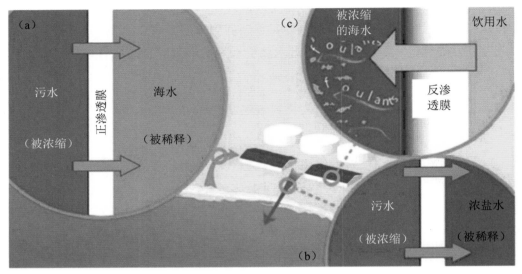

图11 利用污水和正渗透辅助的海水淡化系统:(a)预处理;(b)浓盐水再利用;(c)清洗反渗透膜

  不同的沿海和海洋生态系统对盐水和化学废物排放的敏感性各不相同。通过使用加入更少化学物质的预处理方法,可以降低排放的浓缩物对环境的影响,更有效的预处理也将降低反渗透膜的结垢速率和频率。最后,抗污染膜的发展将进一步减少污染和减少化学清洗。在未来的几十年里,激增的人口、城市发展和工业化将增加全球对淡水的需求,人类需要新的水源。人们仍将不断探索减少不良影响的新材料、新措施,以有效利用海水资源。

参 考 文 献

[1] 张金菊. 海水淡化的重要性及其淡化方法[J]. 山西化工,2018,38(6):102-104.

[2] 杨钊,王明召. 海水淡化原理及方法综述[J]. 化学教育,2008,29(3):1-2.

[3] 解利昕,王世昌. 反渗透海水淡化技术应用[J]. 膜科学与技术,2004,24(4):66-69.

[4] 谢颂京. 复合反渗透膜的制备研究[D]. 天津:天津工业大学,2017.

[5] Larson R E,Cadotte J E,Petersen R J. The FT-30 Seawater Reverse Osmosis Membrane-element Test Results[J]. Desalination,1981(38):473-483.

[6] Elimelech M,Phillip W A. The Future of Seawater Desalination:Energy,Technology,and the Environment[J]. Science,2011,333(6043):712-717.

有机长余辉材料
——夜空中的星星之光

史慧芳　安众福　黄　维[*]

千呼万唤始出来

　　提起"夜明珠",大家并不陌生,自古被世人奉作稀世珍宝。古人称之"昼视之如星,夜望之如月",最早可以追溯到炎帝时代。相传慈禧太后的凤冠上就镶着九颗夜明珠,颗颗价值连城(图1)。所谓夜明珠,其本质上是一种长余辉发光材料,也叫储光材料或夜光材料,是一类吸收能量如紫外光、可见光、X射线等,并在停止激发后仍可持续发出光的物质。而这种价值连城的夜明珠是天然的,属于天然无机长余辉材料。直到1866年,法国科学家T. Sidot人工合成了夜明珠,其结构为铜掺杂的硫化锌,我们称为合成无机长余辉材料(图2)。[1]这类材料被广泛应用于装饰品、夜间指示、应急照明、指纹识别、仪表显示、光电子器件以及国防军事等领域(图3)。

图1　夜明珠(图片源自网络)

*　史慧芳、安众福、黄维,南京工业大学。

图2　法国科学家Théodore Sidot及其合成的首例无机长余辉材料

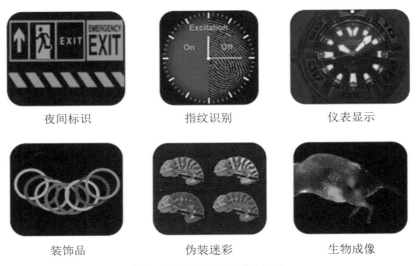

夜间标识　　　　　　　指纹识别　　　　　　　仪表显示

装饰品　　　　　　　　伪装迷彩　　　　　　　生物成像

图3　无机长余辉材料的应用

　　虽然经过千百年的发展,但长余辉发光现象依旧局限在无机发光材料。2010年,作者团队偶然间发现了有机材料的长余辉发光,从此世界上便多了一种夜明珠——合成有机夜明珠,专业的说法是有机超长磷光材料或者有机超长余辉材料。

　　那是2010年初冬的傍晚,室内光线渐暗,作者在实验室专注于实验而未开灯,就是这一次偶然的"懒惰",开启了有机光电材料的新世界。当时,作者在实验室利用薄层色谱确认新合成的化合物,在观察液相变固体的过程中,灰暗的光线下,偶然看到了一束一闪而过的亮光。起初作者以为自己眼花了,用不同的光源照射后发现光束延续的时间变长了,最后延长至数秒内仍肉眼可见。在这一次偶然的发现后,经过多年的反复思考和探索实验,作者团队成功实现了无金属及其他重元素修饰的纯有机材料发光寿命的调控。作者发现在分子聚集体中引入特殊的聚集结构(H-聚集)对实现有机长余辉发光具有重要作用。作者通过分子设计实现了有机超长余辉发光颜色从绿光到红光的调节。发光寿命最长达到1.35 s,比传统意义上的纯有机荧光染料高出几个数量级。[2]关闭激发光源后,持续发光肉眼可见长达56 s,于是作者团队获得了世界上首例室温有机超长余辉材料,被学术界冠以"有机夜明珠"(图4)。这一不寻常的发现不仅为有机光电功能材料的激发态调控提供了一条革命性的思路和途径,同时展现出广阔的应用前景。

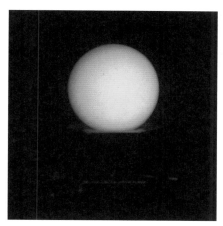

图4 作者实验室制备的首例"有机夜明珠"

直挂云帆济沧海

有机长余辉发光,本质上是一种长寿命的磷光,是激发态的分子在不同多重度的状态间辐射跃迁的结果。通常磷光发光体是无机物或金属有机化合物,往往会使用铂、铱等稀有金属促进自旋轨道耦合。铱在地壳中的含量是千万分之一,我们常常用万里挑一来形容珍贵之物,由此可见稀有金属的宝贵。相比无机长余辉材料,有机长余辉材料集成了有机材料柔性、质轻、易合成、低成本等优点和余辉材料长寿命发光的特点,很快引起了研究者们的广泛关注。但是有机物的自旋耦合常数小,不利于产生磷光。最初,在室温条件下,从纯有机的化合物中观察到磷光现象是很困难的,常需要在低温(77 K)或者惰性气体氛围下观测磷光。神奇的是,一些天然的有机化合物,如大米、氨基酸、牛血清蛋白等固体具有磷光;此外,有机分子二苯酮及其衍生物在结晶状态下也具有室温磷光,这无疑激励了有机磷光材料的发展,随着科学家们研究的深入,一系列基于有机小分子、超分子、聚合物、主客体掺杂体系等的有机长余辉材料相继涌现。

首先,科学家们通过简单的有机合成方法获得了大量的有机小分子化合物。其中,两种通用的策略贯穿始终:其一,通过引入杂原子(N、S等含孤对电子的原子)或者重原子(Br、I等原子序数较大的原子)促进系间窜跃;其二,通过结晶等方式获得一个刚性环境来抑制三重态激子的非辐射失活。我们可以用河流来理解这两个策略如何促进磷光的产生。将产生磷光的三重态激子视为一条干流，那么引入杂原子和重原子就是增加支流汇入，而结晶就是节制干流产生分流，结果都将使干流的水量增加（图5）。

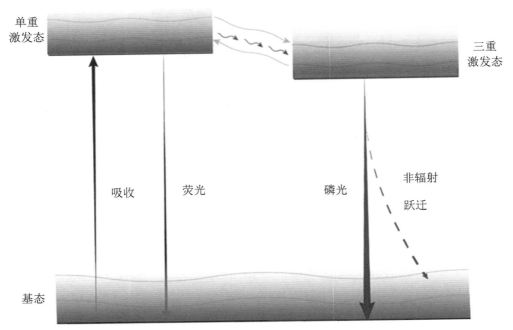

图5　有机长余辉的发光示意图

目前报道最多的有机长余辉材料是小分子晶体（图6）。小分子晶体的发光就像是一个排列整齐的班级队伍，将一个一个分散的相同个体（即单个分子）通过溶剂挥发等方式逐渐汇集结晶，让它们"手拉手"按照长距离有序的方式紧密排列，防止个别的"捣乱分子"随便乱动，这就减少了能量的损耗，降低了三重态激子的非辐射跃迁，更多的激子以辐射跃迁的形式回到基态，促进了长余辉发光。这种"拉手"的方式多依靠的是氢键、卤键、π-π作用等超分子作用力。

但是这种弱相互作用力有时有点不尽如人意，因为个体之间存在"不配合、不愿意牵手"的情况，所以离子型晶体闪亮登场。它作为一种新型的材料体系，通过引入作用力更强的离子键来限制分子运动，从而极大地抑制了三重态激子的非辐射跃迁，促进了磷光的产生。在晶体中引入离子键不仅增加了多重静电相互作用，促进了发色团H-聚集的有序化排布，还可以通过离子变化来调节发光颜色，实现多彩长余辉发光。[3]离子晶体在组成上可以看作双组分体系（一种阳离子和一种阴离子）。

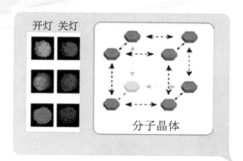
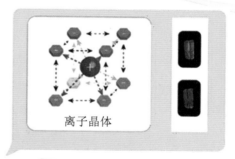

分子晶体 离子晶体

有机长余辉材料

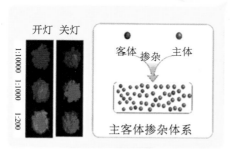
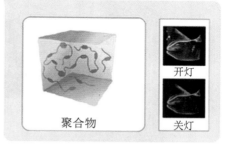

客体 掺杂 主体

主客体掺杂体系 聚合物

图6　有机长余辉发光材料发光对比(这里的灯是指材料的激发光源：365 nm紫外灯)

　　无巧不成书,主客体掺杂体系也是如此,但是和离子晶体不同的是,主客体掺杂是"万绿丛中一点红",甘当绿叶的主体,发挥骑士精神,营造刚性环境,避免外界环境(如空气中的水、氧等)对客体发光的猝灭,还将自己吸收的能量转移到客体身上,默默守护客体的发光。聚合物可以作为刚性主体基质。可以作为主体的化合物还有大环分子,例如环糊精、葫芦脲等。[4]

　　以上提到的构建方式大多集中于高度有序的晶态结构或刚性基质中,限制了该类材料的进一步应用。因此如丝如绸、"婉约柔弱"的聚合物长余辉材料逐渐被人们发现。[5] 聚合物长余辉材料的出现无疑推动了有机长余辉材料的应用,它是一种制备方法简单的无定型材料,该材料兼具柔性、可加工性。通过将磷光发光体与高分子单体共聚,共聚物提供了丰富氢键的网络结构和刚性环境,促进了有机长余辉的产生。它的柔性、质轻、可旋涂、可拉伸等诸多优势,将使其在柔性电子领域大展拳脚。

天生我"材"必有用

　　鉴于有机超长余辉材料兼具有机材料成本低、易加工与余辉材料发光时间长、激发态性质丰富的特性,这类有机光电材料在信息加密、显示、防伪、传感、生物成像、抗菌等方面展现出很大的应用前景。下面我们举几个例子说明有机长余辉材料的用武之地(图7)。

信息加密

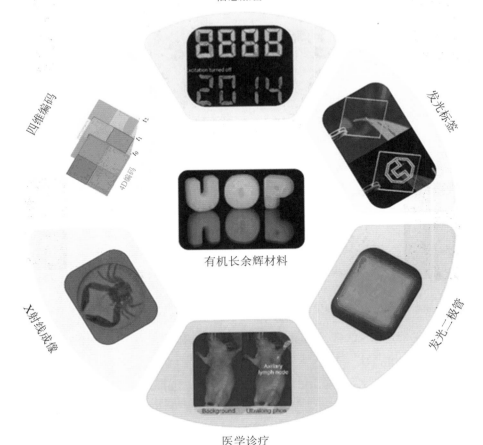

四维编码

发光标签

有机长余辉材料

X射线成像

发光二极管

医学诊疗

图7　有机长余辉材料的潜在应用

信息加密。 在科技飞速发展的今天,假冒伪劣产品在世界范围内泛滥,各国政府和版权所有者不断加大对信息加密与防伪技术的投资。而与纳秒级(1 ns= 10^{-9} s)寿命的荧光材料不同,有机长余辉材料发光时间更长(微秒至秒级),在关闭激发光源荧光消失后仍能持续发光,并且这种发光现象无需借助任何精密仪器,就可以实现肉眼观测。[2]以纸币防伪为例,只需将太阳光或手机手电筒等照射后的纸币移至暗处,就可看到不同颜色和不同持续时间的长寿命发光,实现颜色和寿命的双重加密防伪,大大减少了纸币被盗版印刷的可能。

发光标签。 利用有机材料易加工的优势,还可以把有机长余辉材料制备成发光标签。这种发光标签可以做到以非常低的成本,将信息快速且多次(> 40 个循环)打印到任何尺寸的基材上,从而实现了兼具高分辨率(> 700 dpi)和可写读性的超薄发光标签。并且这种标签仅仅用光线，就可以将任何发光图像无接触地打印到标签中或从标签中擦除，全程无需任何墨水。[6]与现有方法相比，这种发光标签代表了一种生产发光标签的新方法，具有取代常规标记技术的潜力。

四维编码。随着信息通信呈现指数型的增长，信息安全引起了人们的广泛关注。大数据时代的到来促进了编码技术的快速发展。迄今为止，编码技术可分为：一维条形码（1D coding）、二维矩阵码（2D coding）和三维彩色码（3D coding）这三类。多维度编码技术可以进一步增加数据的安全性与存储量。基于有机长余辉材料的多彩发光与不同寿命，研究者在三维彩色码基础上赋予时间的维度，成功设计成为四维时间编码（4D coding）。用快速照相机拍下一组照片，并通过计算机设计的特定程序，将延迟0.4 s对应的编码对应输入，成功链接到一个网址；这组照片只有按照一定顺序输入，才能成功链接到另一个网址；输入其他的信息均为报错。[7]

有机发光二极管。有机发光二极管（OLEDs）具有驱动电压低、主动发光、视角宽、效率高、响应速度快、易实现全彩大面积显示和柔性显示的许多特点，兼具成本低、功耗低等优点，广泛适用于各种屏幕显示，如大屏幕高清显示、多媒体显示及通信设备或计算机终端显示。在通电环境下，75%的激子直接以三重态激子形成，因此提高三重态激子数量对于提高有机发光二极管的效率非常重要。研究者将有机长余辉材料掺杂到半导体基体中，从而制备了一种新颖的长余辉有机发光二极管。这种长余辉有机发光二极管在施加电压下显示蓝色荧光，在施加电压关闭时显示绿色余辉发光。[8]

医学诊疗。在疾病诊疗方面，有机长余辉材料可以通过纳米技术制备成亲水性的纳米晶，展现出良好的水溶性和生物相容性，并将其成果应用于癌细胞和裸鼠的生物成像；同时借助材料长寿命的特点，可以有效地扣除生物体或样品的背景荧光干扰，极大地提高了成像的信噪比。此外，长余辉材料在一定的辐射下，可以产生高活性的单重态氧（也叫活性氧，可以破坏核苷酸或DNA修复酶，会引起细菌或癌细胞的凋亡），用于光动力杀菌和抗肿瘤治疗。因此，这类新型的发光材料有望为疾病，尤其是癌症的早期诊断与治疗提供一种便捷的手段。

近期，有机长余辉材料被发现也可以用作有机闪烁体[9]，也就是可以将高能的X射线转换为可见光。X射线激发的闪烁体材料在辐射探测、安全检测、生物医学等领域有广泛的应用。相比而言，不含金属元素的纯有机材料具有原材料储量丰富、机械柔性高、加工性能优、可大面积制备等突出优势。因而，有机余辉闪烁体可作为闪烁体家族的全新材料，尤其是在柔性电子领域具有极大的潜在应用价值。最新的研究表明，磷光属性的纯有机长余辉材料在X射线成像中展现出良好的应用前景。

时至今日，有机长余辉材料的相关研究成果呈现出"井喷"的态势。2019和2020年，相关研究方向（"有机超长磷光材料"和"有机室温磷光材料"）连续两年入选了中国科学院科技战略咨询研究院和科睿唯安公司评选的"化学与材料学领域前十热点前沿"。据不完全统计，目前国际上有超过300个科研团队在该领域开展相关研究工作，其中中国的研究团队超过50%。有机长余辉材料从10年前的鲜有人问津，到如今国内外学者的广泛关注，已经从"星星之火"渐成"燎原之势"。我们期待有一天可以拍一部有机"夜明珠"从诞生到起步再到辉煌的成长大片，记录这个领域的发展轨迹，为有机光电材料领域增添一道风景。我们相信在不久的将来，众人拾柴，有机长余辉材料一定能从书架走向货架，造福人类社会的发展。

参 考 文 献

[1] Smet F P, Moreels I, Hens Z, et al. Luminescence in Sulfides: Arich History and a Bright Future [J]. Materials, 2010, 3(4): 2834-2883.

[2] An Z, Zheng C, Tao Y, et al. Stabilizing Triplet Excited States for Ultralong Organic Phosphorescence [J]. Nat. Mater., 2015, 14(7): 685-690.

[3] Cheng Z, Shi H, Ma H, et al. Ultralong Phosphorescence from Organic Ionic Crystals under Ambient Conditions[J]. Angew. Chem. Int. Ed., 2018, 57(3): 678-682.

[4] Li D, Lu F, Wang J, et al. Amorphous Metal-free Room-temperature Phosphorescent Small Molecules with Multicolor Photoluminescence via a Host-Guest and Dual-emission Strategy[J]. J. Am. Chem. Soc., 2018, 140(5): 1916-1923.

[5] Gan N, Shi H, An Z, et al. Recent Advances in Polymer-based Metal-free Room-temperature Phosphorescent Materials[J]. Adv. Funct. Mater., 2018, 28(51): 1802657.

[6] Gmelch M, Thomas H, Fries F, et al. Programmable Transparent Organic Luminescent tags [J]. Sci. Adv., 2019(5): 7310.

[7] Wang X, Ma H, Gu M, et al. Multicolor Ultralong Organic Phosphorescence through Alkyl Engineering for 4D Coding Applications [J]. Chem. Mater., 2019, 31(15): 5584-5591.

[8] Kabe R, Notsuka N, Yoshida K, et al. Afterglow Organic Light-emitting Diode [J]. Adv. Mater., 2016, 28(4): 655-660.

[9] Wang X, Shi H, Ma H, et al. Organic Phosphors with Bright Triplet Excitons for Efficient X-ray-excited Luminescence [J]. Nat. Photonics., 2021, 15(16): 187-192.

探究催化反应中的活性位点
——从"看见"到"调控"

邹　琛　李冠星　王　勇[*]

催化反应在化学产品生产和污染防治等领域有着重要的意义。据统计,90%的化学过程都使用催化剂,而60%的工业产品都利用催化来制造。[1]催化剂的应用可以追溯到19世纪末,从工业生产硫酸到氯碱工业,从工业固氮合成氨到后来的石油炼制工业等,都离不开催化剂。如今,利用催化剂处理污染废气成为备受关注的热点问题。借助一些催化剂,可以将汽车尾气中的NO、CO和碳氢化合物等有害物质氧化还原成无毒无害零污染的环境友好气体。可以说,催化剂和催化反应在生活中起到了极其重要的作用。

催化剂在反应过程中确实发挥了重要的作用(图1)。但催化机理是什么? 人们目前仍缺乏清晰透彻的理解。因为很少有人真正看到催化反应过程中分子是如何发生变化的,导致最终仅仅发现某个催化剂有很好的催化效果,而真正起作用的催化活性位点及其作用机理,就像一个黑匣子一样,令人难以捉摸。

所谓活性位点,是指催化剂结构中能够活化反应物分子、促进反应进行的特定部位。20世纪初,科学界大量的研究成果表明,催化反应是在催化剂表面直接相连的单分子层中进行的。1925年,美国科学家泰勒首次提出了活性中心理论,他认为催化剂表面是不均匀的,催化反应只发生在催化剂表面某些不饱和的地方;后来苏联科学家柯巴捷夫认为活性中心是催化剂表面上几个原子的集团;随着固体物理的发展,催化的电子理论也应运而生,科学家们利用量子化学理论揭示了许多催化剂活性的根源。[2]但是,这些终究只是基于理论层面的研究,实际上真正的活性位点以及实时催化反应过程是什么样的,还缺乏充足的实验证据。因此,相信"眼见为实"的人们,一直期待能够真正观察到催化反应的进行。

---

* 邹琛、李冠星、王勇,浙江大学。

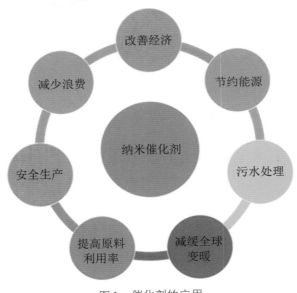

图1　催化剂的应用

随着科学技术的进步,电子显微镜(Transmission Electron Microscope,TEM)的出现和不断发展让我们有了"看见"催化反应发生的可能。TEM是近些年来在微纳表征领域发展的一种先进的显微镜,它与光学显微镜最大的区别是其信号源是电子,而且分辨率可以达到亚埃尺度,因此我们能够利用它得到样品原子级别的信息。以前的一些常规的结构表征手段,往往只能提供样品的宏观信息,但是催化反应实际是在纳米甚至亚纳米尺度上发生的,并且多相催化体系往往都存在不均匀性,传统的手段会让真实的活性位点被其他信息淹没。TEM超高的空间分辨率可以很好地解决这一难题。除此之外,近些年随着各种原位电镜技术(in-situ TEM)的发展,科学家已经能够在超高的时间分辨率下给出样品在原子尺度的结构信息,甚至在各种复杂的外场环境中(如真实的反应条件下)对催化剂进行实时观察。这为直接观察催化反应、更深入地研究催化剂活性位点打下了坚实的基础。下面我们以在催化领域备受关注的二氧化钛(TiO_2)为例,说明催化反应的大门是如何被一步步打开的。

TiO_2是一种两性氧化物,一般是白色粉末,分子量为79.9,无毒无害,并且化学性质稳定,常温下几乎不与其他物质发生反应。[3]它在自然界中存在多种结构,如金红石、锐钛矿、板钛矿、TiO_2-B等。其中用处最广泛的是金红石与锐钛矿,作为常见的催化剂可应用于光催化、热催化等多种反应中。例如,在加热的条件下,它可以催化H_2O和CO反应生成H_2和CO_2。TiO_2还能有效地降解空气中的有毒有害气体,把有机污染物分解成无害的CO_2和H_2O,具有极强的杀菌、除臭、防霉、防污和净化空气的能力。除此之外,由于其化学稳定性好且耐高温,TiO_2还是负载型催化剂的优良载体。

"看见"TiO₂表面活性位点

之前的理论研究表明,锐钛矿型TiO₂的{001}表面具有优异的化学性能[4],这引起了研究者们的广泛关注。但是,高活性的{001}表面因其较高的表面能及表面应力,倾向于重构为(1×4)的表面,这可能会改变它的物理化学性质。2000年,Herman 等人通过低能电子衍射(Low-energy Electron Diffraction,LEED)等方法,观察到了 TiO₂的(1×4)周期结构,并且提出了三种可能的模型:缺氧列(MRM)模型、增加原子列(ARM)模型以及微晶面重构(MFM)模型。经过实验和计算的比较,可排除前两种模型:虽然 MFM 模型与实验的一致性较好,但其表面能比初始表面还要高,这显然是不合理的。后来,基于理论计算,Lazzeri 等人提出了增加分子列(ADM)模型(完整表面的桥氧被 TiOₓ 周期性地取代),这种模型与扫描隧道电子显微镜(Scanning Tunneling Microscope,STM)的结果较为符合,而且比未重构表面能量低,但由于缺乏更清晰的实验结果,仍存在着质疑。还有其他几种不同的模型被提出,但是都存在各自的问题,比如能量过高,与光电子能谱(XPS)结果不符等。总之,长期以来 TiO₂{001}(1×4)表面结构一直备受争议,难以定论。

实际上,仅仅基于 STM 等方法得到的俯视图(垂直于该表面观察)的结果,是很难区分以上这些结构模型的。因为这些模型在结构特征上的差异很小,只有平行于{001}表面的 Ti 原子列和 O 原子列的精确位置有差别,所以需要结合侧视图(平行于该表面观察)的信息来确定结构。利用(扫描)透射电子显微镜((Scanning) Transmission Electron Microscopy,(S)TEM)可以很好地弥补 STM 的不足——它不仅可以从顶部,还可以从侧面观察表面的结构。而且,使用 TEM 原位加热样品杆,我们可以将样品直接在 TEM 中原位加热,构建出(1×4)表面,还可以得到其形成过程的信息,从而探究其形成机制。基于此,以下两项原位 TEM 的工作(图2)精准地观察到了 Ti 和 O 原子列的位置,确定了 TiO₂表面重构的模型(ADM 模型)及其形成机制。[5-6]

在揭示了 TiO₂{001}(1×4)表面的重构现象之后,又引发了更深的思考。这样一列与众不同的凸起,除了能降低表面能起到维持表面稳定的作用,还有别的作用吗? 它们是不是催化反应中的吸附位点与活性位点呢? 会不会也能表现出特定的催化活性呢?

TiO₂用于水煤气催化反应早已被发现,但是从未有人真正见过在分子的尺度下催化反应是如何发生的。经过几十年的发展,在当前最为先进的 TEM 中已经可以准确判别每一个原子的位置了。但我们知道,TEM 的成像也与样品的组成元素、结构等密切相关。由于气体分子在空间中分布均匀，比较弥散，导致在TEM观察过程中，气体分子会"自动隐身"。就像在一个昏暗的房间，你明明知道空气中悬浮着很多灰尘，但就是看不见它们。

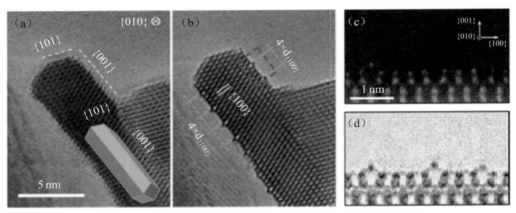

图2　(a) 未重构的TiO₂{001}表面；(b) TiO₂{001}(1×4)表面；(c) TiO₂{001}(1×4)表面(暗场像)；
(d) TiO₂{001}(1×4)表面(明场像)

那么，如何将气体分子整齐地"排列"起来呢？一列整齐划一的气体分子与TEM中的电子相互作用，信号会大大加强，那么是否就有可能"看见"这些气体分子呢？可是，如何让杂乱无章的气体分子乖乖地排成一列呢？之前提到，二氧化钛{001}表面有一个特殊的结构，每隔四列原子就会有一列凸起。假如气体分子全部吸附在这一列凸起上，那么不就形成这样的整齐排列了吗？沿着这一列凸起方向观察，应该就能够得到足够衬度的气体分子照片了，从而"隐身"的气体分子就显形了！这一列凸起就是"照亮灰尘的阳光"。通过这样的实验设计，科学家第一次成功地观察到了水分子的解离吸附。[7]如图3(a)所示，在少量O₂气氛的条件下加热，TiO₂表面出现了整齐的(1×4)重构表面；通入水蒸气后，在重构的一列列凸起上，出现了两只"兔耳朵"。通过进一步的理论计算发现，水分子进入体系之后，分解成羟基和氢离子，与表面作用形成两个羟基和水分子的复合结构，附着在这一列一列的凸起上，所以从投影面看过去就像长出了两只"兔耳朵"。

既然已经捕捉到了水分子，那么顺理成章地就可以继续通入CO气体，观察H₂O分子和CO的反应过程。在通入CO之后，前面所说的"兔耳朵"发生了动态的变化：时而出现时而消失(图3(b))。这说明在实际反应过程中，CO不断消耗被吸附的羟基，从而使得"兔耳朵"消失；然后H₂O分子又不断补充上来，再次出现"兔耳朵"结构。这种循环往复的动态变化正是真实的催化反应正在进行的强有力的直接证据！该实验是人们首次真实"看见"活性位点上催化反应的发生，这一重大突破为将来调控催化反应打开了新的大门。

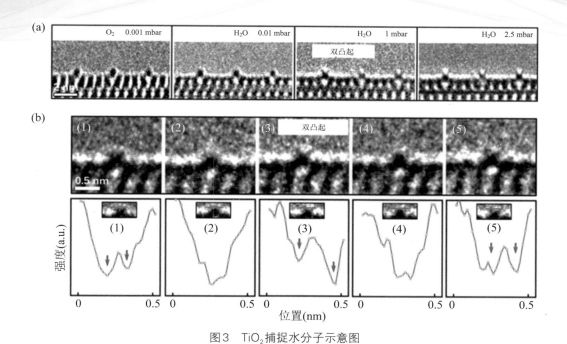

图3 TiO₂捕捉水分子示意图

调控 Au-TiO₂ 界面活性位点

TiO₂作为催化剂表现出了优异的性能，并受到了科学家们的广泛关注。其实，它作为载体也在催化反应中起到了重要的作用。黄金一直都给人以高贵的形象，"真金不怕火炼"是人们对黄金的固有印象，表明 Au 是一种非常稳定的惰性金属。但当纳米 Au 颗粒负载在 TiO₂表面上时，它却变得活泼起来。金-二氧化钛(Au-TiO₂)是工业催化研究中的常见组合，比如，TiO₂载体上的纳米 Au 颗粒能够作为催化剂，促进 CO 氧化为 CO₂。Au 与 TiO₂载体的界面被认为是催化反应中的关键位点，但是在微观层面上，我们能不能直接在反应的过程中"看见"它，甚至直接调控它呢？

利用先进的球差矫正环境透射电子显微镜(Cs-corrected ETEM)技术，可以观察到 Au-TiO₂界面在反应过程中的具体变化。[8]起初，Au 纳米颗粒坐落在 TiO₂表面，就像一尊岿然不动的雕塑。当通入 CO 和 O₂气体后，作为催化剂的 Au-TiO₂界面发生了变化。准确地说，Au 颗粒发生了轻微的转动。这显然是违背我们的常识的——一般来说，已经形成的界面，它们之间应该采取的是较为紧密的结合方式，是不太容易发生变化的。但是大量侧视图(图4(a)、(c))和俯视图(图4(b)、(d))显示，通入反应气体之后，Au 颗粒确确实实发生了旋转，旋转角度约为 9.5°；且当停止通入 CO 时(仅有 O₂存在时)，Au 颗粒还会旋转回到原来的位置。

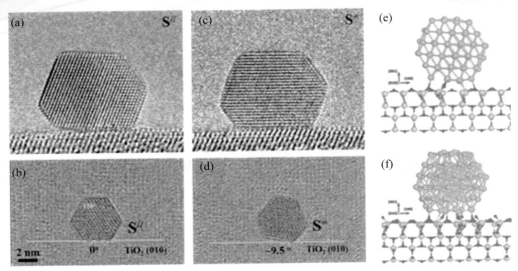

图4 (a)、(b)为O_2条件下Au-TiO_2界面图；(c)、(d)为CO/O_2条件下Au-TiO_2界面图；
(e)模拟O_2条件下Au-TiO_2界面图；(f)模拟CO/O_2条件下Au-TiO_2界面图

为了探究这个在实际催化反应过程中的新奇现象，科学家们进行了深入的分析。结合高分辨的原位环境透射电镜(Environmental Transmission Electron Microscope, ETEM)图像以及DFT理论计算，发现Au颗粒的转动与反应中活性位点的动态变化有关：当只有O_2通入时，O_2吸附在Au-TiO_2界面处，达到一种最稳定的Au-TiO_2界面配置关系。当同时通入CO和O_2时，反应中的CO会消耗掉部分吸附在Au-TiO_2界面处的O_2，此时界面处的O_2减少，Au颗粒会转动一个小的角度达到另一种稳定的界面配置关系。重复验证的实验结果表明，这种由气体调控的界面关系配置的变化也是可逆的。

该工作发现颗粒与载体的界面不是以往认为的固定不变，而是可以调控变动的！这是首次在原子尺度下观察到催化剂界面催化活性位点的可逆变化。不仅如此，通过改变反应环境(气氛和温度)，还可实现对界面活性位点的精准调控：进一步的实验证实，通过改变气体的成分与温度，可以构造出特定的界面结构，并将其稳定下来。如果将催化性能较好的结构降温，就可以"锁定"这个界面结构，使其在低温催化反应时展现优异的催化效率。在此基础上，可以期待通过探索更多特定的手段去调控更多的催化剂，使它们在工业应用中表现出更为优异的性能。

通过对大量催化剂催化性能结果的分析，能够对活性位点进行预测；而使用电子显微镜，能够真正"看见"甚至进一步调控那些贡献大部分催化活性的活性位点——这相当于找到了一把钥匙，帮助我们去探究后续的催化反应。通过各种精巧的处理手段得到的催化剂可能并不适用于工业生产，目前对于高效催化材料的开发水平尚未上升至合成科学的程度，无法实现催化活性位的多尺度精准构筑，对活性中心的调控也缺乏有效的手段。而通过原位电镜的手段,对催化的活性位点进行观察和调控,将解决曾经无法"精修"活性位点的问题,指导我们如何进一步得到在具体应用环境下稳定且高效的催化剂。这将帮助我们进一步缩小基础科学和工业应用之间的鸿沟,解决能源、环境、资源等国家重大需求的问题,促进国民经济的发展。将来更加高水平的球差矫正电镜、环境电镜以及更多新的技术将帮助我们"看见"更多真实的活性位点与催化反应,也将更有利于我们对催化剂进行调控,带来更大的社会效益。

参 考 文 献

[1] Shiju N R, Guliants V V. Recent Developments in Catalysis Using Nanostructured Materials[J]. Applied Catalysis A General, 2009, 356(1): 1-17.

[2] 甄开吉. 催化作用基础[M]. 3 版. 北京: 科学出版社, 2005.

[3] 张梦露. 二氧化钛纳米材料的性质及应用[J]. 军民两用技术与产品, 2017(10): 116.

[4] Yang H G, Sun C H, Qiao S Z, et al. Anatase TiO_2 Single Crystals with a Large Percentage of Reactive Facets[J]. Nature, 2008, 453(7195): 638.

[5] Waghmode M S, Gunjal A B, Mulla J A, et al. Studies on the Titanium Dioxide Nanoparticles: Biosynthesis, Applications and Remediation[J]. SN Applied Sciences, 2019, 1(4): 1-9.

[6] Yuan W, Wang Y, Li H, et al. Real-Time Observation of Reconstruction Dynamics on TiO_2{001} Surface under Oxygen via an Environmental Transmission Electron Microscope[J]. Nano Letters, 2016, 16(1): 132-137.

[7] Yuan W, Zhu B, Li X Y, et al. Visualizing H_2O Molecules Reacting at TiO_2 Active Sites with Transmission Electron Microscopy[J]. Science, 2020, 367(6476): 428-430.

[8] Yuan W, Zhu B, Fang K, et al. In Situ Manipulation of the Active Au-TiO_2 Interface with Atomic Precision During CO Oxidation[J]. Science, 2021, 371(6528): 517-521.

电子显微镜
——探索材料微观结构的神器

陈炳伟　李冠星　王　勇[*]

漫步于人类发展的历史长河中,对于懵懂的我们来说,大自然总是充满着神秘。从封建时代的天神鬼怪,到如今辉煌的现代科学,人们不停地根据自己的认知来描绘这个无限世界中的种种现象。近代以来,除宏观现实中的现象之外,人们不断地将眼光投向更微小的领域,探索更加神秘的微观世界:DNA的双螺旋结构、组成物质的原子结构、原子中电子的行为……这些无数美妙的研究成果振奋着科研人员们,也驱使着他们研发观察更微小结构的新方法。在材料研究领域中,电子显微镜是探索材料微观结构的神器,可以探索原子分辨的极限。大家可能都熟悉光学显微镜,那么电子显微镜又是什么呢? 它与光学显微镜有什么异同? 又有什么优势呢? 这一切还要从电子说起。

电子,是粒子还是波?

所谓电子,顾名思义,就是带电的粒子,并且携带着一个负电荷。

早在1858年,人们已经发现了电子的踪迹。德国物理学家尤利乌斯·普吕克于空气稀薄的玻璃管中,在两个相对的电极上施加极高的电压时,发现在阴极正对的玻璃壁上闪烁着绿色的辉光,仿佛有一股看不见的射线在源源不断地击打着玻璃。这就是著名的阴极射线。

然而,阴极射线究竟是什么? 当时人们众说纷纭:有人说它是不带电的粒子流;有人说它是带负电的微粒;还有人说它肯定不是粒子,不然它怎么能轻易穿透金属薄膜呢? 但是空口无凭,在物理学的论战中,唯有实验是最有力的武器。为此,英国物理学家J.J.汤姆逊设计了一种新的阴极射线管以达到更高的真空度(图

---

* 陈炳伟、李冠星、王勇,浙江大学。

1(a))。1897年,他发现阴极射线在磁场和电场中发生了偏移,并根据其库仑力与洛伦兹力相互抵消的平衡直线运动巧妙地测出了"粒子流"的质量约为氢离子的千分之一,电荷约为 1.1×10^{-19} C。后来这种粒子被命名为电子。根据电子的性质,他提出了初步揭示物质微观结构的原子模型——布丁模型(图1(b))。正是由于J汤姆逊对电子研究的卓越贡献,他于1906年荣获诺贝尔物理学奖。

接着,卢瑟福通过进一步的实验完善了原子模型,提出了一种新的模型——行星模型(图1(c)):一个极小极重带正电荷的原子核盘踞于正中间,携带负电荷的电子则沿着特定的轨道绕着原子核运行。然而卢瑟福的模型却有一个致命的缺陷:我们知道带电粒子在进行周期性振荡时会发射电磁波,从而损失能量;那么当围绕着原子核做圆周运动时,电子会不断释放电磁波,损失能量,导致极快的坍塌!然而现实却是一片祥和,组成物质的原子并没有坍塌,它们仍然过着日复一日的"稳定"生活。

1913年,丹麦物理学家尼尔斯·波尔为了弥补这个缺陷,大胆地引入了量子理论,提出了划时代的波尔模型(图1(d)),即电子分立地存在于不同的能级,且规定它不损失能量。

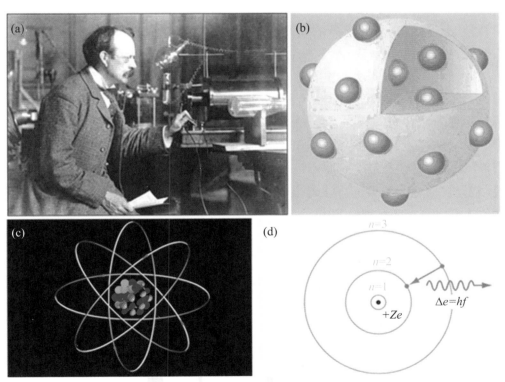

图1 (a)汤姆逊与阴极射线管;(b)汤姆逊提出的葡萄干布丁模型;(c)卢瑟福行星模型;
(d)能级分立的波尔模型

为了解决原子模型的矛盾,人们给电子设置了各种各样的假设与限制条件,其中就蕴含着周期性与能量的不连续性。然而无论是哪种原子模型,人们似乎已经默认电子是一种粒子了。

可是,电子真的只是一种粒子吗?

所有合乎实验结果的假设与限制的背后一定存在着尚不为人知的原因,即使人们暂时看不穿它神秘面容前的面纱,这些假设与限制也在一定程度上反映了它的某些特征。但是要穿过层层迷雾抓住其本质却需要更加敏锐的思维,以及天马行空的想象力。

1923年9~10月,德布罗意发表了一系列论文,将波动性赋予了电子。他想象电子也是一种波,有着自己内禀的频率,其不同的运动状态对应着不同的能量,也就对应着不同的波长。当把电子当成一种波之后,人们惊奇地发现原子中电子的能量会自发地分立到不同的能级上!

电子毫无疑问是组成原子的基本微粒,它拥有质量,带有电荷,是分立的粒子,但是我们却在讨论其波的性质,这究竟是怎么一回事? 电子究竟是波还是粒子?

德布罗意指出了其本质,电子既是粒子,又是波动,甚至任何运动的质点都内禀着波动的特性。这样玄妙的理论,即使它填补了现有理论的缺陷,也不是能被人们轻易接受的。真正的科学理论需要坚固的实验结果的支撑。

1925年4月,戴维逊得到了电子透过晶体的衍射花样,初步证明了电子的波动性。1927年,汤姆逊通过电子照射非晶薄膜产生的衍射环,给出了进一步的证明。衍射是波独有的行为,当一个电子经过狭小的晶格,在荧光屏上只能得到一个"随机"的亮点,而当大量的电子穿过晶格时,一个个落点却组成了完美的衍射图样(图2),这无疑是美丽而又令人振奋的。衍射实验确凿无疑地揭示了电子的波动本质,而电子在荧光屏上分立的落点又展示出一定的粒子性,电子波粒二象性的本质已经被缓缓揭开了。

用电子探索微观世界

电子波这个革命性的概念究竟揭示了什么,它在量子理论中又占据怎样重要的地位,我们暂且不表。让我们再把视线投向自然界中那个绚烂的精灵——光。

大自然是最伟大的艺术家,这不仅仅体现在那些恢弘的大山大河上,更体现在微观结构的精确美妙上(图3),如雪花、细胞、晶体……大自然在各个物质的宏观本质下都隐藏了无数美妙的细节,等待着人们探索。

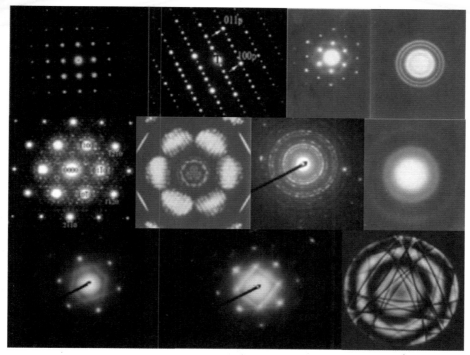

图2 各种电子衍射花样

一开始人们用光学显微镜观察自然。科学家们精心地打磨镜片,将光路调整到完美,但是当物体尺寸极其微小(小于200 nm)时,不论如何调整镜片与光路都难以看清物体的细节。这是人们在探索微观世界的路上遇到的难以逾越的鸿沟——分辨率限制。

分辨率被定义为设备能分辨的两个点之间的最小距离。之所以光学显微镜难以分辨微小的细节,是因为可见光的波长在400~700 nm,当细节的尺寸小于光源的波长时将不可避免地发生衍射现象,从而影响其成像。也就是说,设备的分辨率极限将直接由光源的波长决定,因此光学显微镜存在难以弥补的缺陷。

分辨率的极限由波长决定,波长越小,分辨率越高,要想进一步突破分辨率的极限势必要寻找更短波长的波源。聪明的读者们可能已经想到了:如果电子也是一种波,且它的波长更短,那人们能否利用电子来成像呢?

电子打在荧光屏上会发出荧光,随着电磁学的发展也已经有了聚焦电子束的方法,根据德布罗意电子波理论与相对论,计算得到当用200 kV电压对电子进行加速之后,电子波的波长可以减小至0.0025 nm(10^{-12} m量级)!

图3　(a) 雪花晶体;(b) 洋葱表皮细胞;(c) 水晶显微照片

如此看来,似乎所有条件都已经具备! 然而天才的理论与设想,还需要天才的工程师用漫长的时间将其实现。

1928年,22岁的恩斯特·鲁斯卡进入柏林技术大学学习,并在组长的指导下开始进行电子透镜实验,这为他之后研究透射电子显微镜打下了基础。1931年,鲁斯卡开始研制电子显微镜(以下简称电镜),其研制的电镜在两年后已经达到12000倍的放大倍率(图4)。1937年,他开始研制商业电镜,随着研究与技术的不断进步,电镜的分辨率也不断提高。到了20世纪70年代,超高分辨率电镜已经能够分辨原子像,这对物理学与化学的发展起了巨大的推动作用。1986年,80岁高龄的鲁斯卡由于对透射电镜发展做出的卓越贡献获得了诺贝尔物理学奖。这位可称为电镜开山鼻祖的科学家,几乎将其一生都奉献给了透射电镜的研制与推广。

自电镜开始被人们用于科学研究至今,已有近90年的历史。它在许多伟大的工作中都起到了至关重要的作用,在现代的材料研究中,各种电镜已经成为不可或缺的观察手段。

图4 鲁斯卡(右)和克诺尔(左)于20世纪30年代在德国建造的电子显微镜

例如,在电镜下,各种晶体的微观结构清晰可见。从早期的纳米颗粒形貌观察(图5(a)),到纳米晶的体相晶格以及表面结构观察(图5(b)、(c)),再到之后原子像以及成分信息表征(图5(d)),人们对纳米材料的表征已经达到亚埃尺度。

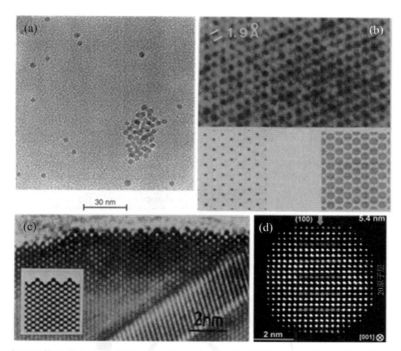

图5 TEM表征颗粒形貌与高分辨晶体结构[1~3]:(a)纳米钯颗粒;(b)Si晶体高分辨电镜照片、原子排列图及模拟图;(c)金晶体高分辨电镜照片;(d)高分辨氧化铈晶体原子像

除此之外,经过科学家们的不断努力,电镜已经能够实时原位地观测不同外场环境下微观物质的行为。例如,纳米材料的原位生长过程(图6(a)),实际反应过程中水分子的观测(图6(b)),不同气体加热条件下纳米合金颗粒的形貌变化(图6(c))等,都可以在原位电镜技术中得以实现。

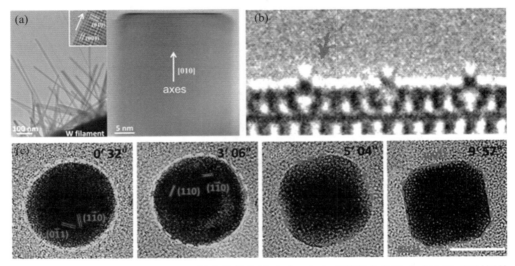

图6　原位TEM表征[4-6]:(a) $W_{18}O_{49}$纳米线的生长;(b) TiO_2上吸附的水分子;(c) PdCu随时间的原位演变

　　近些年来,电镜在生物领域也大放异彩。2017年,诺贝尔化学奖授予瑞士科学家雅克·杜博歇、美国科学家约阿希姆·弗兰克以及英国科学家理查德·亨德森,以表彰他们在冷冻显微术领域的贡献。通过低温冷冻技术,人们得以在电镜中观察脆弱的细胞和生物大分子的结构,从而进一步探索生命的奥秘(图7)。特别是针对近期暴发的新型冠状病毒,科学家们使用最新的电镜技术,很快就"看清"了病毒的真面目,这对研制病毒疫苗、开发对症药物起到了极大的促进作用。

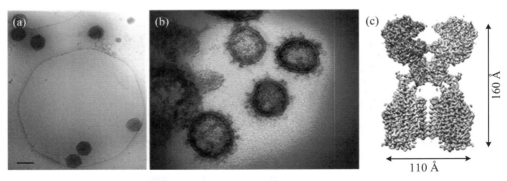

图7　EM在生物领域的应用[7-9]:(a) 显微镜下的Samba病毒;(b) 显微镜下的新冠病毒;(c) 由显微镜信息模拟的病毒大分子

以上诸多研究成果证明了电镜在微观物质表征中不可或缺的强大地位。那么，我们还能进一步提高电镜分辨率，在更微观的尺度下对材料进行观察吗？如前所述，以 200 kV 高压加速的电子，波长可达 0.0025 nm，那么电镜的极限分辨率应该在 10^{-3} nm 数量级，然而实际上现在最先进的电镜也难以达到如此高的分辨率。

那么究竟是什么因素限制了电镜的分辨率呢？

原来，由于电镜中磁场的不完美性，电镜的分辨率会受几何像差（主要包括球差与像散）与色差的影响。科学家们的实践与研究表明，色差与像散都有合适的方法矫正至分辨率允许的范围之内，而球差则相对难以矫正。不过，随着近些年来人们对电镜研究的不断深入，已经研制出了可将分辨率大大提高的球差矫正电子显微镜。然而，目前离理论分辨极限仍有不小的距离，还需要进一步的探索与努力。

诚然，由于像差的存在，现阶段的电镜仍不能达到理论极限分辨率，但目前借助电镜技术在亚埃（10^{-11} m 量级）尺度下对纳米材料进行的表征，在科学领域仍然占据着不可替代的地位。而且，随着新技术的不断发展更迭，电子显微的分辨率也将进一步提升。或许在新的观察尺度下，人们将看到更多更美妙的结构与运动，窥见更深的奥秘。

未来电子显微镜在微观世界中将如何大放异彩？让我们拭目以待！

参 考 文 献

[1] Robinson A L. Atomic-Resolution TEM Images of Surfaces: The Newest Electron Microscopes That Crack the 2-Angstrom Barrier Can Resolve Atom Positions on Metal and Semiconductor Surfaces[J]. Science, 1985, 230(4723): 304-306.

[2] Reetz M T, Helbig W, Quaiser S A, et al. Visualization of Surfactants on Nanostructured Palladium Clusters by a Combination of STM and High-Resolution TEM[J]. Science, 1995, 267(5196): 367-369.

[3] Hao X, Yoko A, Chen C, et al. Atomic-Scale Valence State Distribution Inside Ultrafine CeO_2 Nanocubes and Its Size Dependence[J]. Small, 2018, 14 (42): 1802915.

[4]   Zhang Z, Wang Y, Li H, et al. Atomic-Scale Observation of Vapor-Solid Nanowire Growth via Oscillatory Mass Transport[J]. ACS Nano, 2016, 10 (1): 763-769.

[5] Jiang Y, Li H, Wu Z, et al. In Situ Observation of Hydrogen-Induced Surface Faceting for Palladium-Copper Nanocrystals at Atmospheric Pressure[J]. Angew. Chem. Int. Ed., 2016, 55(40): 12427-

12430.

[6]   Yuan W, Zhu B, Li X Y, et al. Visualizing H_2O Molecules Reacting at TiO_2 Active Sites with Trans-
mission Electron Microscopy[J]. Science, 2020, 367 (6476): 428-430.

[7]   Schrad J, Young E, Abrahão J, et al. Microscopic Characterization of the Brazilian Giant Samba
Virus[J]. Viruses, 2017, 9(2): 30.

[8]   New Images of Novel Coronavirus SARS-CoV-2 Now Available NIH: National Institute of Allergy
and Infectious Diseases[EB/OL].[2021-04-01]. https://www.niaid.nih.gov/news-events/novel-coro-
navirus-sarscov2-images.

[9]   Yan R, Zhang Y, Li Y, et al. Structural Basis for the Recognition of SARS-CoV-2 by Full-Length
Human ACE2[J]. Science, 2020, 367(6485): 1444-1448.

后　　记

　　"先进材料科普丛书"是中国科协先进材料学会联合体组织材料领域部分一线科学家编撰的系列科普著作,致力于打造材料界科学普及的品牌,营造科学普及和文化传播的科学氛围,提升材料科学的研究水平、产业发展进度和社会影响。

　　本书作为"先进材料科普丛书"之一,得到了材料界同仁们的大力支持,众多热心新材料研究、开发的专家学者为本书的撰写付出了辛勤的劳动。书中每篇文章的作者无不是认真撰写,反复修改,为打造科普著作精品倾情奉献;在组织编写过程中,中国科协先进材料学会联合体工作人员做了大量艰苦细致的工作,在此一并表示感谢。

　　本书部分图片摘引自网络、国内外图书和相关学术文献,因时间仓促无法与版权所有者一一取得联系。如有侵权,请版权所有者与本套图书副主编魏丽乔教授联系(邮箱:weiliqiaoty@163.com),协商解决版权问题。

编　者

2022年3月

中国科协先进材料学会联合体简介

    中国科协先进材料学会联合体(简称"学会联合体")是由中国科协倡议,由材料相关领域的 11 家全国学会发起,联合相关企业、科研机构、高等院校、社会团体自愿共同组建的非法人联合组织,于 2017 年 6 月经中国科协第九届常委会第四次会议批准成立。第一届主席团主席由中国金属学会理事长、中国工程院院士干勇担任,轮值秘书长由中国金属学会副理事长兼秘书长王新江担任。

    学会联合体的宗旨是紧密围绕国家重大需求,以先进材料学科领域和产业领域发展为导向,发挥材料科技社团资源集成优势,搭建学会协同改革、联合攻关、资源共享、共谋发展的大平台,形成工作合力,促进企业、科研机构和高等院校有效结合,突破相关产业发展的技术瓶颈和体制约束,推动材料领域技术创新,促进科研成果推广应用。学会联合体的目标是打造先进材料领域高端科技创新智库、搭建先进材料领域高端国际学术交流平台、搭建技术推广和科技成果转化平台、搭建高端人才培养举荐平台、承担重大科技类社会公共服务任务。

    目前,学会联合体成员包括 13 家全国学会(中国金属学会、中国有色金属学会、中国稀土学会、中国腐蚀与防护学会、中国化工学会、中国硅酸盐学会、中国材料研究学会、中国复合材料学会、中国晶体学会、中国生物材料学会、中国纺织工程学会、中国造纸学会、中国微米纳米技术学会),以及 10 家企业、12 家科研机构和 13 所高校。